HAIE HABEN KEINE HÄNDE

Ralf Kiefner

HAIE HABEN KEINE HÄNDE

Spannende Erlebnisse mit Haien

Ludwig

Bibliografische Information der Deutschen Nationalbibliothek

Die Deutsche Nationalbibliothek verzeichnet diese Publikation in der Deutschen Nationalbibliografie; detaillierte bibliografische Daten sind im Internet auf https://portal.dnb.de abrufbar.

Holtenauer Straße 141. 24118 Kiel
Tel.: +49-(0)431-85464. info@verlag-ludwig.de. www.verlag-ludwig.de

Alle Fotos: © Ralf Kiefner, mit Ausnahme Seite 6: © Alex Smolinsky
Text: Ralf Kiefner (www.ocean-pix.de)
Satz & Layout: Daniela Zietlow

Gedruckt in Deutschland mit mineralölfreien Druckfarben und produziert auf FSC®-Zertifiziertem Material.

ISBN 978-3-86935-427-9

VORWORT

SHARKPROJECT
ist eine international tätige NGO mit Sitz in der Schweiz. Sie fördern Schutzmaßnahmen und wissenschaftliche Untersuchungen und klären über die Wichtigkeit der Haie und Meere auf.
www.sharkproject.org

2008 begegneten Ralf, Andrea und ich uns das erste Mal in der Schweiz am von SHARKPROJECT organisierten Vortrag »Sardine Run – das Große Fressen«. Andrea und Ralf präsentierten einen superspannenden Vortrag, gespickt mit viel Witz, brasilianischem Temperament von Andrea, Bildern und Videomaterial von Haien und Delfinen beim Großen Fressen von Sardinen.

*Dieses Feuer und die Leidenschaft der beiden für diese Tiere inspirierten mich damals so*wie auch heute immer noch! Wie mir persönlich und natürlich SHARKPROJECT liegen Andrea und Ralf der Schutz der Haie sehr am Herzen. Mit ihren vielen Veröffentlichungen zeigen sie immer wieder auf, dass Haie keine Monster sind. Sie betonen aber auch immer wieder, dass Haie keine Kuscheltiere sind. Wir bei SHARKPROJECT vertreten ebenfalls die Meinung, dass die Menschen

nur das bereit sind zu schützen, was sie kennen. Für seinen Kampf zum Schutz der Haie wurde Ralf in St. Petersburg Ende April 2008 auf dem International Maritim Film Festival mit dem »Shark Protector Award« ausgezeichnet. Das ist nun 12 Jahre her, aber Ralf blieb nie untätig und setzte sich weiterhin unermüdlich mit seiner Frau Andrea für die wundervollen Tiere ein!

Im Laufe der Jahre entwickelten sich eine gute Freundschaft und ein gegenseitiges Vertrauen zwischen uns. Seine spannenden Erlebnisse, die vielen Fotos und seine Erfahrungen machen dieses Buch zu einem wertvollen Schatz, welches jede/r interessierte Unterwasserliebhaber/in haben sollte! Eine lange Liste von Auszeichnungen, Publikationen und Filmproduktionen national sowie international zeichnen Ralf und Andrea als absolute Experten aus!

Danke für Euer Engagement, Euer Vertrauen und Eure Freundschaft!

Alex Smolinsky
Präsident SHARKPROJECT

INHALTSVERZEICHNIS

EINLEITUNG

Meine Frau Andrea Ramalho und ich haben für unsere Film- und Fotoproduktionen das unfassbare Glück gehabt, viele Länder, oft mehrfach, zu bereisen und dabei tolle Menschen kennenzulernen. Dabei durften wir auch viele einzigartige, spektakuläre Begegnungen mit Tieren erleben.

In diesem Buch möchten wir einen kleinen Einblick hinter die Kulissen unserer Arbeit geben, bei der wir viele spannende und riskante Abenteuer mit Haien erlebt haben. Nicht selten gab es dabei auch brenzlige Situationen. Ich rate dringend davon ab, einige in diesem Buch beschriebene Interaktionen mit Haien nachzuahmen oder nachzustellen!

In den Hai-Filmen und -Fotoreportagen kann man natürlich nicht erkennen, wie viel Erfahrung, Wissen und Geduld notwendig waren, welche Strapazen und Unannehmlichkeiten wir auf uns nehmen mussten und welche Sicherheitsmaßnahmen vorab getroffen wurden, um diese Aufnahmen zu ermöglichen. Wenn man in freier Wildbahn mit wild lebenden Tieren arbeitet, gehört selbstverständlich auch immer eine ordentliche Portion Glück dazu.

Auch lässt sich nur schwer erahnen, wie lange vorher wir die Tiere beobachtet haben und wie viel Zeit wir den Tieren gaben, um uns kennenzulernen und Vertrauen zu uns aufzubauen, und wie viel Zeit auch wir benötigten, um unsererseits Vertrauen zu ihnen herzustellen.

Dabei möchte ich betonen, dass wir diese Aufnahmen nur machen konnten, weil die Tiere es uns ermöglicht haben! Jedem Menschen sollte bewusst sein, dass die intensiven Interaktionen und Berührungen mit den Haien nur möglich waren, weil die Tiere es uns gestattet haben.

Positive Interaktionen mit Haien sind nur möglich, wenn sie von den Tieren ausgehen. Niemand kann einen großen Hai zu Interaktionen zwingen, zu denen er nicht bereit ist!

Bei unseren Arbeiten mit Haien haben wir meist Köder verwendet. Wir wollten den Instinkt dieses hoch entwickelten Raubtiers nutzen, ihn auch aus großer Entfernung anlocken und ihn dazu bringen, sich für uns zu interessieren und mit uns zu interagieren.

Haie haben sehr hoch entwickelte Geruchssinne. Manche Hai-Arten können die

Geruchsspur potenzieller Beute (in unserem Fall die des Köders) in millionenfacher Verdünnung und bis aus einer Entfernung von einigen Hundert Metern wahrnehmen und bis zu ihrem Ursprung zurückverfolgen.

Dabei haben wir immer sehr darauf geachtet, dass sie den Köder möglichst nicht fressen konnten. Dazu haben wir den Köder in stabilen Behältern mit Löchern verstaut, die die Haie nicht zerstören konnten oder den Köder immer rechtzeitig aus dem Wasser gezogen, sobald ein Hai am Boot erschien.

Schließlich wollten wir sie nicht füttern und so wenig wie möglich in das ökologische Gleichgewicht eingreifen. Mit dem für Haie wohl unwiderstehlichen Duft wollten wir die Haie nur anlocken. Denn normalerweise nähern sich Haie Schnorchlern oder Tauchern nur selten und wenn, dann oft nur für eine kurze Annäherung. Erst, wenn sie etwas Interessantes wie zum Beispiel vermeintlich leichte Beute vermuten, bleiben sie länger, um die Situation genauer zu erkunden, und sind dann auch zu hautnahen Interaktionen bereit.

Es ist nachgewiesen, dass Weiße Haie durch Köder nicht in ihrem Fressverhalten gestört und auch nicht konditioniert werden. Selbstverständlich muss man dabei immer sorgfältig darauf achten, sich nicht in der Geschmacksspur des Köders zu positionieren, so plötzlich verlockend nach leichter Beute zu *duften* und schließlich selbst zum Köder zu werden. Dann werden sich die Haie mehr für den Taucher interessieren, als ihm lieb sein kann.

Ebenso gilt, niemals neben oder gar in Essensresten oder Fischabfällen zu schwimmen, die über Bord geworfen wurden. Auf keinen Fall sollte man an der Oberfläche wild zappeln oder vor einem Hai flüchten. Auch wenn er direkt auf einen zugeschwommen kommt, heißt es, Ruhe zu bewahren.

Ich weiß, das klingt gar nicht so einfach! Aber wer in Panik versucht, vor einem Hai zu fliehen, kann schnell als Beute angesehen werden. Man muss seinen Platz behaupten und wenn ein Hai zu nah kommt, muss man ihn wegschieben.

Wer sich wie Beute verhält, wird auch so behandelt. Haie haben Zähne und natürlich wissen sie diese auch sehr wohl zu nutzen. Und Haie sind definitiv schneller als wir!

Durch das Seitenlinienorgan, das bei Haien von der Kopfregion bis zur Schwanzspitze verläuft, können sie selbst kleinste Druckwellen, die zum Beispiel durch Flossenschläge oder potenzielle Beute erzeugt werden, hervorragend wahrnehmen. Und die Druckwellen der Flossenschläge signalisieren dem Hai, dass da etwas versucht, wegzuschwimmen.

Haie gehen schließlich nicht in eine Schule, in der sie lernen: Diese komischen, unbeholfenen Wesen mit den bunten Flossen und der Blechbüchse auf dem Rücken, bei denen Luftblasen aus dem Kopf kommen, eignen sich nicht als Beute, weil sie nicht nahrhaft genug sind.

Wenn Haie ihr Gegenüber genauer erkunden wollen, kommt es irgendwann unweigerlich zu Körperkontakt. Dabei beißen sie jedoch nicht wahllos um sich, sondern versuchen, die erste vorsichtige Berührung mit der Schnauzenspitze, an der sich viele empfindliche Sensoren befinden, herbeizuführen.

Wir empfanden diese erste Kontaktaufnahme der Haie nicht als Angriff, sondern wie eine Art »Handschlag«. So, als würde man sich einander vorstellen, nur eben ohne Hände.

HAISCHUTZ

Nur wenn wir unsere Haltung Haien gegenüber ändern, werden wir diese herrlichen Top-Meeresräuber verstehen und ihre enorme Wichtigkeit für das ökologische Gleichgewicht unserer Ozeane wertschätzen.

Bei unseren Hai-Dokumentationen und -Fotoreportagen steht immer der Schutz der Tiere im Vordergrund. Wir wollen die Zuschauer und Zuschauerinnen über die Tiere informieren und durch spektakuläre Bilder auf sie aufmerksam machen sowie für die Bedrohungen der Haie sensibilisieren. Zugleich möchten wir ihre unglaubliche Schönheit zeigen und unsere Faszination für diese einzigartigen Geschöpfe auch bei anderen wecken. Wir wollen aufzeigen, wie wundervoll und schützenswert diese Tiere sind.

Wir waren nur aus einem einzigen Grund ohne Käfig mit Weißen Haien im Wasser gewesen: Wir wollten den Menschen vor Augen führen, dass Haie keine Monster oder Bestien sind!

Unsere oft sehr engen und intensiven Interaktionen sollten helfen, die Tiere zu schützen, indem wir ihr unverdient negatives Ansehen korrigieren und ihr blutrünstiges Killerimage widerlegen.

Wir glauben, dass Menschen eher bereit sind, Tiere zu schützen, die sie kennen und die ein positives Image haben.

Aber wie kann man das Image der Haie verbessern? Nach einigen Überlegungen kamen wir zu dem Schluss, dass wir dafür mit dem vermeintlich bekanntesten und gefährlichsten Hai ohne Käfig schwimmen und positive Interaktionen zwischen Mensch und Hai dokumentieren wollten. Weiße Haie galten schon damals, wie viele andere Hai-Arten auch, wegen der intensiven Bejagung einerseits sowie der späten Geschlechtsreife und der geringen Anzahl an Nachkommen andererseits, als gefährdet.

Dabei wollten wir Haie selbstverständlich auf keinen Fall wie Schmusetierchen darstellen. Trotz aller engen Interaktionen mit ihnen bleiben Haie das, was sie sind: faszinierende Raubtiere. Nicht mehr, aber auch nicht weniger!

Weiße Haie können eine maximale Länge von über sechs Metern erreichen. Sie gehören zu den größten Raubfischen und zu den Top-Meeresräubern. Dessen muss man sich immer und jederzeit bewusst sein, besonders, wenn man mit ihnen ohne Schutzkäfig interagiert!

Wir konnten damals noch nicht ahnen, dass unsere Dokumentarfilme sowie die tolle Arbeit von Sharkproject das Bewusstsein der Menschen nachhaltig gegenüber Haien ändern und eine Bewegung in Gang setzen würde, die das unverdient schlechte Image der Haie ein wenig ins rechte Licht rückt.

Es ist wichtig, sich den Tieren immer mit größtem Respekt anzunähern!

Um die Erlebnisse während der Arbeiten an einem Film nur annähernd zu beschreiben, reicht ein Buch bei Weitem nicht aus. Aber einige Geschichten möchte ich hier teilen. Natürlich gab es dabei auch Überraschungen, und nicht immer hat alles so geklappt wie von uns geplant.

In Dokumentarfilmen sieht es immer so aus, als würde ständig und überall etwas

Spannendes geschehen. Dem ist jedoch leider nicht so. Die freie Wildbahn ist schließlich kein Zoo! Die meiste Zeit besteht aus Warten, Warten, Warten.

Geduld ist im Umgang mit wilden, freilebenden Tieren das oberste Gebot!

Man muss immer vor Ort sein. Es hilft nichts, wenn man sich im Hotel oder im Restaurant aufhält, und draußen auf dem Meer beginnt plötzlich die Action. Dann muss man auf dem Wasser sein, und natürlich sollten die Ausrüstung und Kameras jederzeit einsatzbereit sein. Wer dann noch Batterien laden oder die Speicherkarten wechseln muss, wird voraussichtlich zu spät kommen. Tiere warten nicht!

Natürlich müssen auch die Wetter- und Wasserbedingungen stimmen, in erster Linie die Sichtweiten unter Wasser. Ganz besonders, wenn man mit Haien taucht. Und, wenn dann alles stimmt, kommt die größte Geduldsprobe: Man muss den Tieren und sich selbst ausreichend Zeit geben, sich an die für sie ungewohnte Situation zu gewöhnen und die Anwesenheit seines Gegenübers zu akzeptieren.

Gute Begegnungen mit wilden Tieren brauchen Zeit, um sich zu entwickeln, und sollten immer vom Tier ausgehen!

Aber dann gibt es auch Tage, leider viel zu selten, an denen scheint alles zu gleicher Zeit stattzufinden! Wenn man in diesem Moment nicht ausreichend Speicherkarten und geladene Akkus dabei hat, ist man selbst schuld!

WEISSE HAIE

Carcharodon carcharias

Fliegende Weiße Haie

1997, am letzten Tag meines Aufenthaltes in Gansbaai in Südafrika, war ich mit Mike Rutzen, einem sehr bekannten Anbieter für Haitouren, und seiner Crew auf dem Boot, um Unterwasseraufnahmen von Weißen Haien zu machen – damals noch aus dem Käfig heraus. Da sich – wie wir glaubten – kein Hai unter dem Boot aufhielt, gönnten wir uns eine kleine Pause und machten uns gierig über die Sandwiches her.

Plötzlich sprang ein Weißer Hai ohne für uns erkennbaren Grund in unmittelbarer Nähe zu unserem Boot in voller Länge aus dem Wasser. Was für ein unglaublicher Moment! Ich hatte schon früher von Fischern Berichte über springende Weiße Haie gehört, aber noch nie hatte ich es mit eigenen Augen gesehen.

Es stimmte also tatsächlich, Weiße Haie springen! Die Erzählungen von Fischern waren doch kein Anglerlatein! Natürlich wollte ich davon Aufnahmen machen. Die Frage war nur wie? In welche Richtung sollte ich die Kamera halten und worauf sollte ich eigentlich fokussieren? Würde er überhaupt noch einmal springen?

Bei Walen und Delfinen ist das recht einfach. Denn normalerweise weiß man, ob sie in der Nähe des Bootes sind, und oft springen sie mehrfach hintereinander. Man kann sich also gut darauf einstellen. Bei Weißen Haien ist das etwas anders. Zum einen weiß man nicht immer, ob sie in der Nähe sind, und zum anderen springen sie nach Berichten der Fischer nicht – wie Wale und Delfine – mehrere Male nacheinander. Die Fischer erzählten, dass diese Sprünge der Weißen Haie mit der Jagd auf Robben zusammenhingen.

Dieser Sprung des Weißen Hais in unmittelbarer Bootsnähe hatte mich unglaublich beeindruckt und ging mir nicht mehr aus dem Kopf. Das wollte ich unbedingt mit der Kamera einfangen! Dieser Gedanke ließ mich nicht mehr los! Besonders da – soviel mir

damals bekannt war – dieses Verhalten noch niemand zuvor dokumentiert hatte.

Die Bootscrew und ich hatten dann ein Jahr lang Zeit, uns etwas zu überlegen. Im nächsten Jahr haben wir dann fast den kompletten Bestand an Boogie-Boards im Ort aufgekauft und daraus Seelöwen-Attrappen gebastelt, die wir an einer Leine hinter dem Boot herziehen wollten.

Wenn Weiße Haie eine vermeintliche Beute ausgemacht haben, schleichen sie sich unbemerkt wie ein Schatten in der Tiefe an, indem sie dicht über dem Boden schwimmen. Ihre graue Rückenfärbung unterscheidet sich kaum vom Untergrund. Bei der kleinsten Unachtsamkeit des Opfers beschleunigen sie urplötzlich mit wenigen Schlägen ihrer Schwanzflosse, die ein äußerst dynamischer Antrieb für schnelles, effektives Schwimmen ist, auf eine Höchstgeschwindigkeit von mehr als 60 Stundenkilometer.

Wenn Weiße Haie Robben angreifen, geschieht dies oft mit solch ungeheurer Geschwindigkeit und Wucht, dass die Haie mitsamt ihrer Beute teilweise oder vollständig aus dem Wasser schnellen. Wenn sie die Beute beim ersten Angriff verfehlen, verfolgen sie sie an der Wasseroberfläche.

Mit diesem Überraschungsangriff überrumpeln sie ihr Opfer und fügen ihm mit einem schnellen Biss eine tödliche Verletzung zu. Bei größerer Beute wie Robben, Seelöwen und See-Elefanten warten sie anschließend geduldig in sicherer Entfernung ab, bis das Opfer verblutet ist, bevor sie zurückkommen, um es ganz zu verschlingen.

Auf diese Weise vermeiden sie unnötigen Energieverbrauch und mögliche Verletzungen ihrerseits beim Kampf mit dem Opfer. Sie wissen, warum es wichtig ist, eigene Verletzungen unbedingt zu vermeiden! Schnell kann aus einem verletzten Jäger Beute für andere Haie werden.

Die Weißen Haie vor Gansbaai patrouillieren häufig im Kanal zwischen Geyser Rock und Dyer Island. Dort lauern sie auf leichte Beute, und Robben gehören zu ihrer Lieblingsspeise. Geyser Rock gehört zu einer der größten Robbenkolonien (Südliche Seebären), die aus Tausenden dieser schnellen und wendigen Gesellen besteht. Aber auch für einen perfekten Jäger ist es nicht so leicht, Beute zu machen. Viele Angriffe werden nicht von Erfolg gekrönt.

Nach unseren Beobachtungen geschahen diese Angriffe auf unvorsichtige Robben besonders häufig in der Morgen- und Abenddämmerung. Also trafen sich Andrea und ich jeden Morgen kurz nach Sonnenaufgang im Hafen von Gansbaai mit der Bootscrew.

So früh war es noch sehr feucht und kalt, und nie sprang der Motor auf Anhieb an. Er, genauer gesagt die Zündkerzen, brauchten

erst einen Witblits (Weißer Blitz: Ein klarer Schnaps, der nicht ohne Grund auch Feuerwasser genannt wird), um die Feuchtigkeit zu reduzieren. Meist waren es mehrere, und nicht selten haben auch wir uns einen genehmigen müssen, natürlich nur zum *Aufwärmen* und um dem Motor *behilflich* zu sein.

Wir wollten die Attrappe über den Stellen hinter dem Boot herziehen, an denen wir vermuteten, dass die Weißen Haie am Meeresgrund patrouillierten und auf Robben lauerten, die sich von ihren Rastplätzen unterwegs ins offene Meer zur Jagd aufmachten oder davon zurückkehrten.

Dafür durfte der Meeresgrund nicht zu tief liegen, da die Haie unsere Attrappe sonst vermutlich nicht bemerken würden, aber er durfte auch nicht zu flach sein, damit die Haie unsere Täuschung nicht so leicht durchschauen konnten.

Mit langsamer, gleichmäßiger Geschwindigkeit zogen wir dann die Robben-Attrappe an einer Leine hinter dem Boot her. Dabei lief Andreas Videokamera permanent, um nur ja keinen Sprung zu verpassen. Denn wenn man den Sprung im Sucher sieht, ist es zu spät, um auf den Aufnahmeknopf zu drücken, weil immer einige Sekunden vergehen, bevor die Videoaufzeichnung startet.

Nach etwa einer Stunde war das Videotape voll, und Andrea musste es in Windeseile wechseln, ebenso die Batterien, die bei der Kälte natürlich nicht so lange hielten wie üblich. Dafür hatte sie die vollen Akkus und die leeren Videotapes in der linken Anoraktasche, die leeren Akkus und vollen Tapes verstaute sie in der rechten.

Der Himmel war dunkelgrau und gelegentlich nieselte es etwas. Die feuchte, kalte Luft drang langsam, aber stetig unter unsere Anoraks. In regelmäßigen Abständen mussten wir die Objektive unserer Kameras so schnell

wie möglich von Wassertropfen befreien. Der angenehme Duft des Meerwassers und der Salzgeschmack auf den Lippen vermischten sich mit dem Gestank der Robben vom Geyser Rock und, je nach Windrichtung, mit den Abgasen der beiden Außenbordmotoren.

Ich kauerte mich so bequem wie eben möglich in eine Ecke des schwankenden Bootes. Die Fotokamera hielt ich die ganze Zeit schussbereit im Anschlag, den Zeigefinger pausenlos am Auslöser, die Attrappe immer im Sucher. Würde sich *Mr. Teeth* tatsächlich austricksen lassen und auf unsere Attrappe reinfallen?

Stundenlang, bewegungslos, ohne gefühlt auch nur einmal mit dem Auge zu blinzeln, und mit dem Finger am Auslöser wartete ich auf einen Sprung. Irgendwann fingen dann die Augen an zu tränen, die Finger wurden steif vor Kälte und die Kamera immer schwerer. Aber ich traute mich nicht, meine Position auch nur für einen winzigen Augenblick zu verändern. Man könnte ja den entscheidenden Moment verpassen!

Ich möchte hier nicht beschreiben, was mir in diesen endlos scheinenden Stunden alles durch den Kopf ging. Die ganze Zeit über wurde im Boot kaum ein Wort gesprochen. Jeder war vollkommen auf sich, den Kampf gegen die Kälte und auf das Filmen oder Fotografieren konzentriert. Bis auf den Skipper, der das Boot steuerte, starrten alle im Boot ununterbrochen auf die Robben-Attrappe, die

wir hinter unserem Boot herzogen. Schließlich wussten wir ja auch nicht, ob unsere Idee überhaupt funktionieren würde.

Doch dann, nach vielen Stunden vergeblichen Wartens, schoss ohne jede Vorankündigung ein etwa vier Meter langer Weißer Hai aus dem Wasser! Wie aus dem Nichts durchbrach er urplötzlich die Wasseroberfläche.

Ich war regelrecht erschrocken von der ungeheuren Wucht und Dynamik, mit der er durch die Wasseroberfläche stieß. Vor Schreck verriss ich die Kamera sogar ein wenig.

Trotzdem konnte ich gerade eben noch den Auslöser betätigen, bevor sich der Hai in der Luft überschlug und kopfüber wieder in die dunklen Fluten eintauchte. Durch den Sucher sah ich deutlich, wie unsere Attrappe noch im Flug von den massigen Kiefern gepackt und zertrümmert wurde.

Das Furcht einflößende Gebiss von Weißen Haien wird zwar allgemein sehr gefürchtet, aber die Beißkraft konnte bis vor einigen Jahren kaum beziffert oder beschrieben werden. Wissenschaftler, angeführt von der University of New England (Australien), haben dazu 2008 ein digitales Modell erstellt und errechnet, dass die Beißkraft eines großen Weißen Hais 1,8 Tonnen überschreiten kann. Das würde die höchste gemessene Beißkraft im Tierreich darstellen.

In meinen kühnsten Träumen konnte ich mir diese explosive Kraft, diese Urgewalt und Eleganz nicht vorstellen. Der Jubel war natürlich bei allen im Boot riesengroß. Außer bei Andrea, die mit der Videokamera filmte. Sie war erstaunlich ruhig. Auf meine aufgeregte Frage, ob sie den Sprung aufgenommen habe, kam nur ein verdächtig zögerliches »… Jaaaaa, … ich denke schon …«

Natürlich wusste sie ganz genau, wie sie mir später gestand, dass sie den Sprung nicht aufgenommen hatte. Sie hatte nach dem stundenlangen Warten nur für einen winzig kleinen Augenblick auf Pause gestellt, um den Fokus und Bildausschnitt ein wenig zu verändern. Aber aus Angst, an der Stelle der Attrappe zu enden und hinter dem Boot hergezogen zu werden, zog sie es vor, mir dies erst einmal nicht mitzuteilen.

Ich hatte keine Zeit, mir weitere Gedanken über ihre zögerliche Zurückhaltung zu machen, denn das Fotojagdfieber hatte mich voll im Griff. Vergessen waren die Stunden zuvor, die kalten Finger und die Zweifel. Ich hatte zum ersten Mal etwas fotografiert, was bisher – nach meinem Wissen – noch niemand zuvor aufgenommen hatte, und ich wollte unbedingt mehr davon!

Und diese wunderbaren Geschöpfe taten uns in den nächsten Tagen den Gefallen und zeigten noch einige weitere Sprünge, die Andrea und ich auf Video und Fotos festhalten konnten.

Wir waren damals mit die Ersten, die Fotos und Videoaufnahmen von springenden Weißen Haien gemacht hatten. Unsere Versuche mit der Robben-Attrappe hatten sich

schnell im Ort herumgesprochen, und später erfuhr ich, dass es auch einen Anbieter in der False Bay (Südafrika) gab, der unabhängig von uns etwa zur gleichen Zeit Aufnahmen von springenden Weißen Haien machte.

Ich habe dann wochenlang nichts anderes gemacht, als Dias zu beschriften, zu verpacken und an Redaktionen auf der ganzen Welt zu verschicken. Ja, damals hat man noch auf Filmmaterial fotografiert!

Möglicherweise haben wir mit unseren Aufnahmen mit dazu beigetragen, die Berichte der Fischer zu bestätigen, und zumindest einigen Wissenschaftlern den Beweis für dieses Verhalten der Weißen Haie geliefert.

Ich erinnere mich jedenfalls noch genau daran, wie mich der Redakteur eines sehr großen deutschen Wochenmagazins besorgt anrief, nachdem er die Bildrechte erworben hatte. Er teilte mir mit, dass ihr Biologe meinte, Weiße Haie würden nicht springen. Den Beleg hatte der Redakteur jedoch vor sich, und so stand dann im Text, dass das Springen ein natürliches Jagdverhalten von Weißen Haien sei.

Heute gibt es bessere Bilder von springenden Weißen Haien. Aber, wenn man mit die ersten Bilder hat, muss man nicht unbedingt die besten Bilder haben, um sie weltweit verkaufen zu können.

Den Anblick der plötzlich aus dem Wasser auftauchenden Zahnreihen, die unglaubliche Wucht des Sprunges und die Urgewalt, mit der der Hai aus den Fluten schoss, werde ich wohl nie wieder vergessen!

Sag mal Aah!

Unsere Aufnahmen mit Haien entstehen meist nicht zufällig, sondern sind lange und, soweit das möglich ist, bis ins kleinste Detail im Voraus geplant. Trotzdem muss man immer auf alle möglichen Überraschungen gefasst sein!

1996 haben André Hartman, einer der Pioniere unter den Anbietern von Haitouren und eine Legende für alle, die sich für Weiße Haie interessieren, und ich bei einer meiner ersten Reisen nach Südafrika eine ganze Woche lang auf ein bestimmtes Bild hingearbeitet.

Am ersten Abend beschrieb ich André genau, welche Aufnahmen ich machen wollte. Der Hai sollte mit weit aufgerissenem Maul direkt vor der Kamera, über der Wasseroberfläche erscheinen, und im Hintergrund sollte der Horizont sichtbar sein. Dafür musste der Kamerastandpunkt entsprechend niedrig gewählt werden.

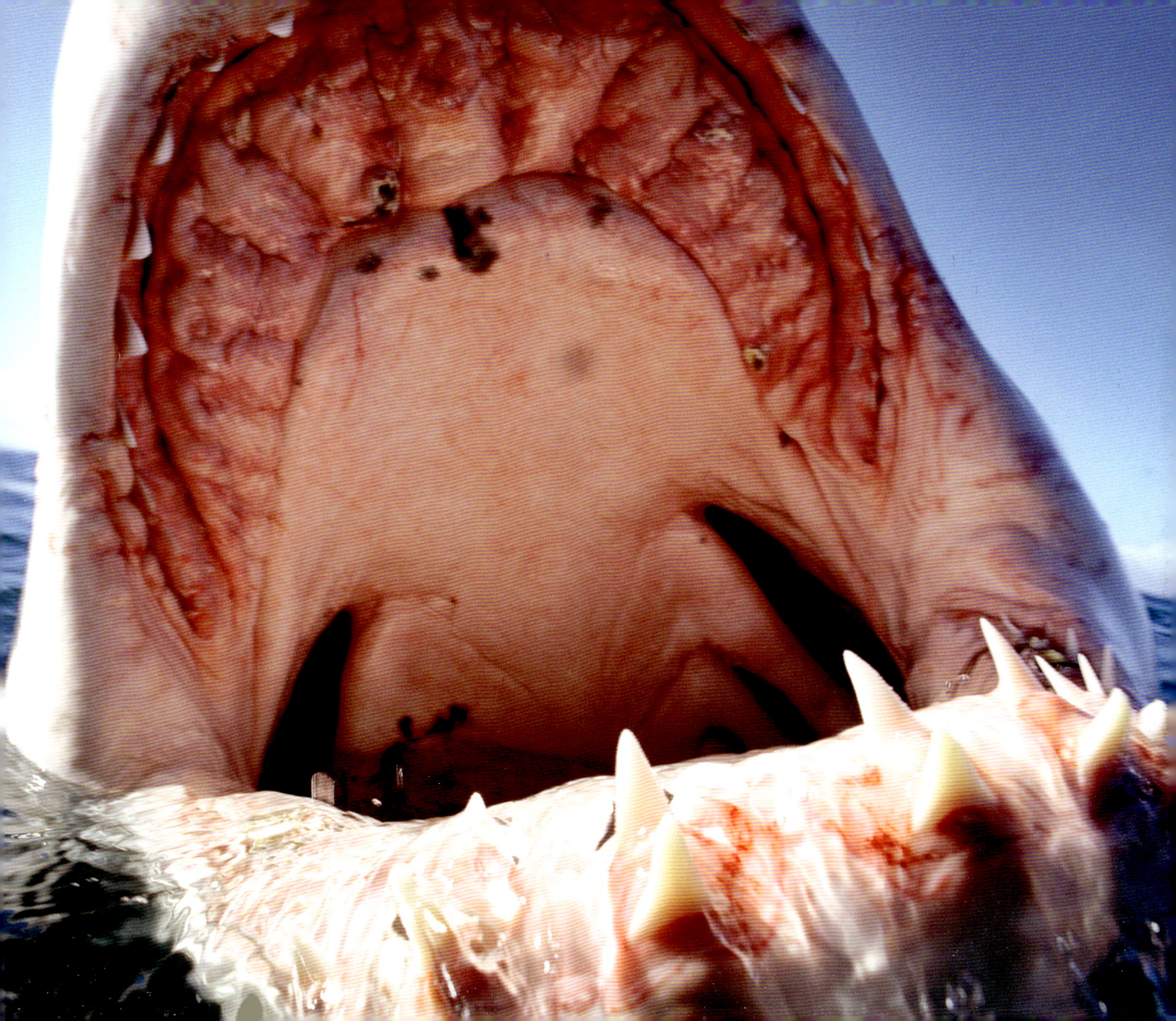

Nachdem André sich das alles angehört hatte, schaute er mich etwas ungläubig an und antwortete, er wisse nicht, wie wir diese Aufnahmen machen könnten, werde es aber gerne versuchen.

Wir wollten uns die Tatsache, dass Weiße Haie allgemein als neugierig gelten und oft in der Nähe von Booten den Kopf aus dem Wasser strecken und auch menschliche Aktivitäten untersuchen, zunutze machen.

Eine Woche lang haben wir alles Mögliche versucht. André hielt den Köder hinter dem Boot und zog ihn hoch, sobald ein Hai danach schnappen wollte. Trotz aller Anstrengungen hoben die Haie dabei jedoch nie den Kopf so weit über Wasser oder rissen gar ihr Maul auf, dass mein geplantes Bild auch nur annähernd hätte gelingen können. Sie hatten offensichtlich unser Drehbuch nicht gelesen.

Am letzten Tag holte mich André mit dem Boot eines Freundes am Bootsanleger ab, weil seines defekt war. Wie üblich ankerten wir vor der Küste Gansbaais und warteten, dass sich ein Weißer Hai für unseren Köder interessierte.

Das Boot seines Freundes hatte zwei Außenbordmotoren, und die Bordwand zwischen den Motoren war fast bis auf dic Wasseroberfläche abgesenkt. Eigentlich perfekt für unser Vorhaben.

Jetzt fehlte nur noch ein Weißer Hai mit offenem Maul über der Wasseroberfläche. Der Horizont im Hintergrund stellte durch den extrem niedrigen Kamerastandpunkt kein Problem mehr dar.

Ich konnte mich auf den Boden des Bootes legen, die Kamera im Anschlag, und musste nur darauf achten, dass weder ich noch die Kamera mit dem Wasser, das über die niedrige Bordwand in das Boot schwappte, nass wurden. Natürlich hätte mir das Wasser

nichts ausgemacht, aber es wäre schade um die Kamera gewesen. Zudem ist es angenehmer, nicht den ganzen Tag in nasser Kleidung auf dem Boot zu verbringen.

Am Nachmittag schwamm dann schließlich ein stattlicher Weißer Hai auf den Köder zu. Als André wie gehabt den Köder aus dem Wasser hob, schien das den Hai nicht weiter zu interessieren. Er glitt weiter, unbeirrt direkt auf das Boot zu und wir fürchteten, der Hai würde in die Bordwand beißen.

Damit das Boot seines Freundes durch den vermeintlichen Biss nicht beschädigt würde, versuchte André, den Hai wegzuschieben, indem er ihm seine Hand auf die Schnauzenspitze legte. In diesem Moment öffnete der Hai wie selbstverständlich sein Maul und hob seinen Kopf über die Wasseroberfläche.

Ich musste nur noch den Auslöser drücken. Das Bild war im Kasten, und André und ich schauten uns sprachlos an. Als ich ihn dann nach einiger Zeit voller Begeisterung eupho-

risch fragte: »Kannst du das noch mal machen?«, sah er mich zunächst nachdenklich an und meinte dann, er würde es versuchen.

Er hatte mit seiner Berührung der Schnauzenspitze wohl den Grundstein für eine Interaktion mit Weißen Haien gelegt, die er und andere Anbieter von Hai-Beobachtungstouren weiter perfektionierten. Dieses Verhalten wurde danach in zahllosen Fotos und Filmen dargestellt. Im Nachhinein betrachtet erscheint das Verhalten des Hais nicht weiter verwunderlich. Schließlich verfügen Haie über elektrische Sensoren, die eine faszinierende Sinnesleistung darstellen. Ihr Kopf und besonders ihre Schnauzenspitze sind gespickt mit empfindlichen Sensoren, den Lorenzinischen Ampullen.

Diese sind mit dem bloßen Auge als dunkle Porenöffnungen sichtbar und bestehen aus kleinen Kanälen und Hohlräumen, die mit einer gallertartigen Masse gefüllt sind. Sie enthalten Sinneszellen, mit denen Haie elektrische Felder und Temperaturunterschiede wahrnehmen können.

Das Erkennen von elektrischen Feldern dient der Ortung der Beute im letzten Augenblick des Angriffes, wenn der Weiße Hai zum Schutz vor Verletzungen die Nickhaut wie ein Augenlid schützend vor das Auge schiebt. Außerdem hilft das Erkennen von elektrischen Feldern beim Aufspüren von Beute.

Jedes Lebewesen produziert mit seinem Herzschlag, durch Muskelbewegungen oder Hirnströme elektrische Felder. Beutetiere können sich noch so gut im Sand verstecken oder tarnen, ihre elektrischen Felder können sie nicht verbergen. Mithilfe der Lorenzinischen Ampullen können Haie diese elektromagnetischen Schwingungen wahrnehmen und aufspüren.

Weil die Lorenzinischen Ampullen sogar die Richtung und Stärke von elektrischen Erdmagnetfeldern erkennen können, fungieren sie auch als eine Art elektromagnetischer Kompass, an dem sich Haie auf ihren Wanderungen orientieren.

Zudem ist es ein Weißer Hai sicherlich nicht gewohnt, dass ihn etwas an der Schnauzenspitze berührt und es dann nichts zu fressen gibt, besonders wenn er einen Leckerbissen erwartet, der in sein Maul gleitet. Das Öffnen des Mauls nach der Berührung mit der Hand erscheint mir deshalb heute völlig logisch. Es ist wohl eine Art Reflex, damit dem Hai die Beute nicht mehr entwischt.

Damals konnten wir noch nicht ahnen, welche wichtige Rolle diese Berührungen bei der Beurteilung der Stimmung der Haie für unsere späteren Interaktionen spielen würde.

Dieser erste Kontakt mit dem Hai und die Art und Weise, wie er auf die Berührungen an seiner Schnauzenspitze reagierte, sollte uns Aufschluss darüber geben, in welcher Stimmung der Hai war und ob positive Interaktionen ohne Käfig mit ihm überhaupt möglich waren.

Schnappte er nervös nach der ausgestreckten Hand, entschieden wir uns, auf Interaktionen im Wasser ohne Käfig zu verzichten. Wir wollten nicht mit einem *Rambo-Hai* im Wasser sein. Wenn er jedoch auf die Berührungen spielerisch und entspannt reagierte, hielten wir ihn für *den richtigen* Hai, um einmalige Begegnungen anzubahnen.

Jenseits des Käfigs

Oft werde ich gefragt, wie man auf die verrückte Idee kommt, ohne Käfig mit Großen Weißen Haien zu schnorcheln, um einen Film zu drehen. Beim Schnorcheln schwimmt und taucht man nur mithilfe einer Tauchermaske, Schnorchel und Flossen.

Damals gab es, soweit ich weiß, gerade mal drei Menschen weltweit (André Hartmann, Mike Rutzen und Mark Marks), die erste Freitauchgänge für Fotoaufnahmen mit Weißen Haien gewagt hatten.

Ich wurde zuvor in zwei aufeinanderfolgenden Jahren (1996 und 1997) von zwei großen deutschen Tauchmagazinen gebeten, eine Reportage über das Käfigtauchen mit Weißen Haien bei André Hartman zu erstellen.

Im ersten Jahr bin ich noch mit leichten Sommersachen und einem alten, löchrigen Dreimillimeter-Tauchanzug nach Südafrika gereist. Es war ja schließlich Sommer – zumindest in Deutschland. Gleich bei der Ankunft und ganz besonders später im Wasser wurde mir klar, dass dies keine gute Idee war! Die Wintermonate in Südafrika können empfindlich kalt werden und das Wasser hat oft nicht mehr als 16° C.

Meine Erlebnisse und Beobachtungen während dieser beiden Reisen haben meine Haltung zu Haien gewaltig verändert und mein Leben nachhaltig geprägt! Das war quasi mein ganz persönlicher Gong, der bis heute nachhallt!

Bei beiden Reportagen hatte ich nicht das Verhalten der Weißen Haie erlebt, das ich erwartet hatte. Ich dachte damals fälschlicherweise, Haie würden sich wie im Filmschocker »Jaws« (*Der Weiße Hai*) verhalten. Bestien, die sich wahllos auf alles Fressbare stürzen. Aber dem war nicht so. Ganz im Gegenteil!

Die Weißen Haie, die ich erlebt hatte, waren eher scheu und vorsichtig gewesen, obwohl jede Menge Köder und Fischabfälle im Wasser geschwommen waren.

Die Beobachtungen bei diesen beiden Produktionsreisen machten mich nachdenklich, und ich flog noch ein drittes Mal mit Andrea nach Südafrika, damit wir uns ein genaueres Bild machen konnten.

Diesmal wollten wir uns jedoch sehr viel mehr Zeit nehmen. Wir fuhren jeden Tag früh am Morgen in vollem Tempo zu den Haien raus, um so viel Zeit wie möglich mit ihnen zu verbringen und ihr Verhalten intensiv zu beobachten.

Ich genoss den angenehm kühlen Fahrtwind, den Duft des aufspritzenden Meerwassers und das atemberaubende Farbenspiel der aufgehenden Sonne am Himmel. Nachdem der Skipper eine passende Stelle gefunden hatte, wurde geankert, der Käfig zu Wasser gelassen und die Köder ausgelegt. Damals haben wir noch vom Käfig heraus die Weißen Haie beobachtet, um uns selbst zu überzeugen.

Keiner der Haie, die sich für unseren Köder interessierten, zeigten das von uns damals erwartete Verhalten. Obwohl es wohl sehr verlockend nach Fressbarem im Wasser duften musste, verhielten sie sich nicht wie Monster oder gar wie Killermaschinen. Wir konnten keine Aggression bei den Tieren erkennen.

Im Gegenteil: Die Haie waren eher scheu. Vorsichtig erkundeten sie das Boot und den Köder, umkreisten das Boot, tauchten ab, sodass wir sie nicht mehr vom Boot aus sehen konnten, und erschienen kurz darauf wieder neben dem Boot. Obwohl sie der Duft des Köders sehr zu interessieren schien, behielten sie ihre Behutsamkeit und ein gewisses Misstrauen für die Situation.

Das war für Andrea und mich der Moment, an dem wir eine weitreichende Entscheidung trafen!

Schon damals wussten wir, dass Haie bereits vom Aussterben bedroht waren. Zurzeit werden etwa 100.000.000 Haie jedes Jahr durch Langleinen- und Netzfischerei getötet. Bei einigen Hai-Arten wurden die Bestände bis heute um etwa 80 % reduziert.

Wissenschaftler befürchten, dass viele Hai-Arten innerhalb von zehn Jahren ausgerottet sein werden, mit fatalen Folgen für unsere Meere und für unser Leben!

Es ist immens wichtig, Haie zu schützen. Sie erfüllen eine sehr wichtige Regulationsfunktion im Ökosystem Meer. Sie sind die effektivste Gesundheitspolizei der Ozeane und tragen maßgeblich zur Stabilität eines eingespielten und ausgeklügelten Ökosystems bei. Haie ernähren sich zum Beispiel von toten,

kranken oder schwachen Tieren und sorgen dafür, dass sich ihre Beute nicht unkontrolliert vermehrt.

Studien in der Karibik belegen, wie sich durch das Fehlen von Haien die eingespielte Nahrungspyramide alarmierend verändert. Dominante Fischarten, die sich von Algen fressenden Fischen ernähren, können sich explosionsartig vermehren, weil die Haie ihren Bestand nicht mehr kontrollieren.

Die Folge ist, dass die Algen fressenden Fische aus dem Riff verschwinden, weil sie von dominanten Fischarten aufgefressen wurden. Danach kann ein unkontrolliertes Wachstum der Algen erfolgen. Die Riffe werden dann von Algen überwuchert und entziehen den Korallenpolypen das lebensnotwendige Licht, bis schließlich die Riffe absterben und alle anderen Fischarten abwandern. Mit katastrophalen Folgen, zum Beispiel für den Fischfang an den Küsten vieler Entwicklungsländer.

Einen weiteren Effekt beschreiben Wissenschaftler der Dalhousie University im kanadischen Halifax im Fachmagazin »Science«. Weniger Großhaie bedeutet, dass sich ihre Beute, Rochen und kleine Hai-Arten, explosionsartig vermehren und es dadurch immer weniger Muscheln gibt, von denen sie sich ernähren. Dies führt dann im Lauf der Zeit zu einem Rückgang der Population der Rochen und kleinen Hai-Arten.

Es gab damals zwei Möglichkeiten für uns: Das alles geht uns nichts an, und wir machen weiter wie bisher, oder wir nehmen die Hände aus den Hosentaschen und unternehmen etwas. Aber was?

Unsere Überlegungen gingen dahin, dass man das Image der Haie verbessern müsste, um zu ihrem Schutz beizutragen.

Nach einigen Überlegungen kamen wir schließlich zu dem Schluss, dies ließe sich wohl am eindrucksvollsten mit einem Dokumentarfilm über den bekanntesten und gefürchtetsten Hai, dem Großen Weißen Hai, erreichen. Schnell war uns klar, dass wir dafür ohne Käfig mit diesem *König aller Haie* tauchen und möglichst enge Interaktionen mit ihnen dokumentieren wollten.

Im Jahre 1998 haben wir dann mit der Produktion zu »Beyond Fear« begonnen. Bis dahin hatte, meines Wissens nach, niemand versucht, eine einstündige Dokumentation zu diesem Thema zu realisieren.

Natürlich konnten wir niemanden fragen, wie man mit Großen Weißen Haien ohne Käfig hautnah interagiert. Alles war *learning by doing.*

Wir haben es einfach gemacht. Durch unsere vorherigen Beobachtungen vom Boot aus waren wir felsenfest davon überzeugt, dass es sehr wohl möglich sein müsste, mit diesen herrlichen Meeresräubern ohne Schutz positive Begegnungen im Wasser zu haben.

Warum wir uns damals so sicher waren, dass wir das allgemein für unmöglich Gehaltene in die Realität umsetzen konnten, kann ich heute nicht mehr beantworten.

Fest steht, wir waren damals so fest vom Gelingen unserer Idee überzeugt, dass ein Scheitern überhaupt nicht in Betracht kam. Diesen Gedanken gab es schlicht und einfach nicht, obwohl wir riesigen Respekt vor den Tieren hatten – und haben.

In den ersten Jahren konnten wir nur mit ausgewählten Personen über unsere Dreharbeiten reden. Wir wollten verhindern, dass uns jemand zuvorkam und wir waren nicht sicher, ob unser Vorhaben noch im letzten Moment vereitelt werden könnte. Ausdrücklich verboten war es damals nicht, aber auch nicht erlaubt. Vermutlich, weil die Behörden nicht damit gerechnet haben, dass jemand auf so eine verrückte Idee kommen könnte.

Natürlich war uns bewusst, dass wir uns in große Gefahr begaben und ein immenses Risiko für Leib und Leben eingehen würden. Trotzdem waren wir felsenfest davon überzeugt, ohne Käfig mit Weißen Haien schwimmen und hautnahe Interaktionen haben zu können, ohne von ihnen zerfleischt zu werden. Diese innere Sicherheit, die wir damals verspürten, ließ absolut keinen Platz für den Gedanken an ein Scheitern!

Das Team von Gleichgesinnten, bestehend aus Mike Rutzen, dem Hauptprotagonisten, Morné Hardenberg, einem der besten Anbieter von Haitouren und erfolgreichen Kameramann, Frank Rutzen (Mikes Bruder) sowie Andrea und mir hatte sich relativ schnell zusammengefunden. Gemeinsam haben wir damals sechs Jahre (in der jeweiligen Saison) an den Unterwasseraufnahmen zu »Beyond Fear« gearbeitet. In den ersten vier Jahren während der Dreharbeiten waren keine namhaften Hai-Wissenschaftler bereit, einen positiven Kommentar zu unserer Idee und unseren Dreharbeiten abzugeben.

Erst im letzten Jahr unserer Dreharbeiten, und als wir immer noch lebten, kamen die

ersten Hai-Wissenschaftler aus der Deckung und sprachen positiv über unsere Arbeit. So lautet ein Kommentar in einem unserer Filme: »Wir haben immer gedacht, dass es möglich ist, ohne Käfig mit Weißen Haien zu tauchen, allerdings wollten wir es nicht an uns ausprobieren…«.

Einem bekannten Filmemacher, der mich während der Dreharbeiten fragte, woran ich gerade arbeite, antwortete ich wahrheitsgemäß, dass wir einen Film über Weiße Haie machten, ohne jedoch auf weitere Details einzugehen. Sein gut gemeinter Rat war: »Es macht absolut keinen Sinn, noch einen weiteren Film über Weiße Haie zu drehen, schließlich ist zu diesem Thema nun wirklich alles schon mehrfach erzählt worden…«

Es versteht sich natürlich von selbst, dass kein TV-Sender bereit war, in unser Projekt zu investieren. Alle meine Versuche, im Voraus Geld für unser Filmprojekt einzusammeln, schlugen fehl. Kein Redakteur wollte damals in unser, wie sie es nannten, *Himmelfahrtskommando* involviert sein oder gar Geld investieren. Also blieb mir nichts anderes übrig, als die Idee fallen zu lassen oder den Film komplett aus eigener Tasche zu finanzieren.

Auch nachdem wir dann Anfang 2004 »Beyond Fear« fertiggestellt hatten, war kein Sender bereit, die Rechte an unserem Film zu erwerben und ihn auszustrahlen. Die Redakteure und Redakteurinnen konnten mit den friedlichen und harmonischen Interaktionen, die wir im Film zwischen Weißen Haien und Menschen zeigten, einfach nichts anfangen.

Bei Discovery Channel USA lag der Film zum Beispiel ein Jahr lang zur Begutachtung vor. Dann kam die Absage. Möglicherweise waren unsere positiven Interaktionen mit Weißen Haien einfach zu weit von den Vorstellungen der verantwortlichen Redakteure und denen der meisten Menschen über diese herrlichen Meeresräuber entfernt.

Erst als »Beyond Fear« vielfach auf internationalen Filmfestivals ausgezeichnet wurde, erwarb schließlich National Geographic weltweit die Senderechte, und der Film wurde auf der ganzen Welt ausgestrahlt.

Kurz nachdem National Geographic die Senderechte erworben hatte, erhielt ich dann einen Anruf von Discovery Channel USA mit der Bitte, einen Screener (Pressekopie von einem professionellen Videoband des Films) zu schicken.

Mit einem gewissen Vergnügen konnte ich nun diese Bitte freundlich ablehnen, nicht jedoch ohne den Hinweis, der Film habe ein Jahr lang zur Begutachtung vorgelegen und sei schließlich abgelehnt und inzwischen anderweitig verkauft worden. Ich glaube, dass jemand in der verantwortlichen Redaktion danach keinen guten Tag hatte, zumindest ließ die Reaktion meines Gesprächspartners darauf schließen.

Eigentlich bin ich grundsätzlich dagegen, freilebende Tiere zu berühren. Wenn jedoch der Körperkontakt vom Tier initiiert wird, ist das etwas anderes. In unseren drei Hai-Filmen (»Beyond Fear«, »Striped Hunters« und »End of a Myth«) gingen die Interaktionen immer von den Haien aus.

Bei den ersten Schnorchel-Ausflügen hatte Mike noch eine ungeladene Harpune zu seinem Schutz dabei. Durch das umsichtige,

scheue Verhalten der Haie, die mit uns interagierten, merkten wir jedoch schnell, dass er sie nicht benötigte.

Die Annäherungen der Haie verliefen, ganz im Gegensatz zu unseren anfänglichen Erwartungen, meist sehr friedlich und harmonisch – trotz Köder im Wasser! Natürlich stupsten sie die Kameras gelegentlich mit ihrer Schnauzenspitze an oder unterzogen die Gehäuse einem Probebiss, jedoch geschah dies immer mit einer gewissen Vorsicht. Nie hatten wir den Eindruck von Aggressivität oder dass sie uns angreifen wollten. Sie wollten lediglich die für sie neuartige Situation erkunden und herausfinden, wer oder was wir waren und was wir hier zu suchen hatten zwischen dem anscheinend unwiderstehlichen Duft des Köders.

Wir wollten durch diese hautnahen Interaktionen und Berührungen mit den Haien die Menschen noch stärker erreichen und wachrütteln. Sie sollten darüber nachdenken, ob sie ihr bisheriges angebliches Wissen über Haie aufrechterhalten können.

Tiere, die solche hautnahen Interaktionen und Berührungen erlauben, können unmöglich Monster oder Killer-Bestien sein. Aber natürlich sollte niemand einen Großen Weißen Hai gegen seinen Willen berühren, und niemand, der bei Verstand ist, würde das versuchen!

Selbstverständlich weisen wir in unseren Filmen mehrfach darauf hin, dass Haie keine Streicheltiere sind. Sie sind aber auch keine Monster, sondern ganz normale Raubtiere, die natürlich nicht immer harmlos sind. Sie haben Zähne, und sie wissen sehr gut, damit umzugehen.

In einem unserer Filme heißt es dazu: »You gotta be aware that these are wild animals … and that they won't necessarily bite, but they can …« (»Du musst dir darüber im Klaren sein, dass dies wilde Tiere sind … sie werden nicht unbedingt beißen, aber sie können es …«). Schwimmen, Schnorcheln oder Tauchen mit Haien kann gefährlich sein. Schon der kleinste Fehler kann fatale Folgen haben. Dessen muss man sich immer bewusst sein!

Links und weitere Infos zu den Dokumentationen »Beyond Fear« und »End of a Myth« finden sich in der Danksagung.

Mein erstes Mal

Es heißt, sein erstes Mal vergesse man nie. Das stimmt! Besonders, wenn es sich um den ersten Schnorchel-Ausflug mit einem Großen Weißen Hai jenseits des Käfigs handelt.

Ich weiß nicht mehr, wie oft ich den Sitz der Tauchermaske und des Schnorchels kontrolliert und wie oft ich die Kamera überprüft habe, bevor ich bereit war, so lautlos wie möglich ins Wasser zu gleiten.

Ich weiß aber noch ganz genau, wie ich voll konzentriert hinten am Boot auf der Plattform saß und wie dann das kalte Wasser langsam in meinem Anzug aufstieg, als ich ins Meer eintauchte. Mein Herz schlug bis zum Hals. Meine Augen starrten erwartungsvoll in das grüne Wasser. Den Boden unter mir konnte ich von der Oberfläche aus in einer Tiefe von etwa fünf bis sechs Metern deutlich erkennen.

Bei meinem ersten Schnorchel-Ausflug hatte Andrea die Interaktionen von Mike und mir mit dem Weißen Hai vom Käfig aus gefilmt. Wie sie mir hinterher erzählte, war sie genauso angespannt wie ich gewesen.

Wir wussten, dass sich ein Weißer Hai am Boot aufhielt, aber er ließ sich erst einmal nicht blicken. Er war, kurz bevor wir ins Wasser glitten, abgetaucht. Unbehagen machte sich langsam in mir breit. Was mache ich hier eigentlich?, schoss es mir durch den Kopf. War das wirklich eine gute Idee, ohne Käfig mit Weißen Haien zu schwimmen und einen Film mit ihnen zu drehen?

Angestrengt und voller Spannung starrte ich in das grünliche, leicht trübe Wasser. Das Knistern des Riffs war deutlich zu hören und wirkte auf mich wie ein Trommelwirbel aus der Ferne, der eine besondere Attraktion ankündigte.

Dieses Geknister klingt, als würde jemand Popcorn machen. Es wird in einem gesunden Riff zum Beispiel von Fischen, die am Riff knabbern, und anderen Riffbewohnern erzeugt sowie von Seepocken, wenn sie sich öffnen und schließen, oder auch von winzig kleinen, aufsteigenden Luftblasen, die die Herden von kleinen Pistolenkrebsen bei der Jagd und der Kommunikation erzeugen.

Doch egal, wie sehr ich mich auch bemühte, ich konnte beim besten Willen nichts außer den Reflexionen von Tausenden kleiner Schwebeteilchen im Wasser erkennen, die im Licht der Sonnenstrahlen kurz aufleuchteten. Die Sonnenstrahlen tanzten unentwegt wie Suchscheinwerfer hin und her und beleuchteten den Meeresgrund. Langsam stieg die Kälte unerbittlich in meinem Körper hoch.

Auf einmal spürte ich, wie sich ein Krampf in meinen Unterarmen ankündigte. Erst jetzt wurde mir bewusst, dass ich die Kameragriffe so fest gedrückt haben musste, dass sich meine Fingerabdrücke wohl dort für immer eingegraben haben.

Man sollte doch meinen, es wäre ein Leichtes, einen etwa fünf Meter großen Weißen Hai schon von Weitem zu erkennen. Nach einigen endlos scheinenden Minuten kam dann endlich eine kaum erkennbare, spindelförmige Silhouette mit konisch zulaufender, stumpf endender Schnauze in mein Blickfeld.

Er glitt in einiger Entfernung ganz langsam und erhaben an mir vorbei. Unglaublich! Wie konnte es sein, dass man ein so großes Tier kaum vorher entdeckte? Fantastisch, wie perfekt sich diese überaus erfolgreichen Jäger im Laufe der Jahrmillionen an das Leben im Wasser angepasst haben!

Seine Brustflossen waren weit abgespreizt und erinnerten mich an die Tragflächen eines Flugzeugs. Sie geben ihnen Auftrieb und dienen dazu, die Schwimmrichtung zu ändern. Zudem wirken sie tatsächlich wie die Tragflächen eines Flugzeugs, denn Haie haben im Gegensatz zu anderen Fischen keine Schwimmblase, mit der sie Auf- und Abtrieb kontrollieren können.

Mein Adrenalinspiegel stieg schlagartig ins Unermessliche. Trotzdem hieß es jetzt, ruhig bleiben und keine Furcht oder gar Panik zeigen. Von der Kälte und vom Krampf in meinen Unterarmen war natürlich längst nichts mehr zu spüren. Es kam mir vor, als stünde die Zeit für mich still und als hätte die Welt aufgehört, sich zu drehen. Ich war gefangen in einem zeitlosen Moment voller unergründlicher Magie. Der Hai erfüllte das Wasser mit seiner Präsenz und seiner Eleganz.

Ich konnte keinerlei Hektik oder gar Fressgier in den Bewegungen meines Gegenübers erkennen. Mit seinen schwarzen Augen musterte er Mike und mich in aller Ruhe. Es war unglaublich, aber da schwamm ich mit dem wohl gefürchtetsten Räuber der Meere, mit einem als Killer und Bestie verschrienen Tier und verspürte keinerlei Angst vor ihm, nur unglaublichen Respekt.

Bis aufs Äußerste angespannt verfolgte ich durch den Sucher meiner Kamera jede Bewegung des Hais. Langsam und ohne erkennbare Bewegung seiner imposanten Schwanzflosse glitt er auf mich zu und wurde im Sucher allmählich immer größer.

Als der Hai näher kam, erkannte ich die unregelmäßige Linie an der Seite, die die weiße Bauchseite vom grauen Rücken scharf

abgrenzt. Durch diese charakteristische zweiteilige Färbung ist er perfekt für Überraschungsangriffe getarnt: Aus der Tiefe betrachtet mit seiner hellen Unterseite gegen das Licht, ebenso gut wie von oben betrachtet mit seinem dunklen Rücken gegen den dunklen Untergrund der Tiefe bzw. des Riffes (Konterschattierung).

Was für ein unbeschreibliches Erlebnis! Alle Bedenken, die ich vorher gehabt hatte, wichen mit einem Schlag schierer Bewunderung für diese majestätische Kreatur.

Erst jetzt fiel mir die Kamera in meinen Händen wieder ein! Vor lauter Faszination und Begeisterung hätte ich beinahe vergessen zu fotografieren!

Nachdem sich der Hai wohl überzeugt hatte, dass Mike und ich keine Bedrohung für ihn darstellen, entschloss er sich, näher zu kommen. Schließlich wollte er herausfinden, wer oder was hier so unverschämt interessant und lecker duftete. Wir hatten wie immer Köder aus vergammelten Fischresten hinter dem Boot angebracht.

Sein Maul war leicht geöffnet und gab den Blick frei auf eine Reihe rasiermesserscharfer, Furcht einflößender, dreieckiger Zähne mit gesägtem Rand, die wie Dolche oder Pfeilspitzen aussahen.

Er schwebte jetzt geradewegs auf mich zu. Ich hielt den Atem an, und der Auslöser meiner Kamera klickte synchron zu meinem Herzschlag.

Es war faszinierend zu beobachten, wie kraftvoll und gleichzeitig elegant dieser Hai seine Kreise um uns langsam, aber bestimmt, immer enger zog. Natürlich konnte er die elektromagnetischen Schwingungen meines

Kameragehäuses aus Metall wahrnehmen. Das Klicken der Kamera schien ihn nicht im Geringsten zu beeindrucken.

Haie können sehr gut hören, und selbst die kleinsten Vibrationen im umgebenden Wasser wahrnehmen. Wasser leitet Schall bekanntlich weitaus besser als Luft.

Seine kleinen schwarzen Augen hatten uns fest im Blick.

Es heißt, Weiße Haie hätten kalte, starre Augen. Aber kommt man ihnen nah genug, erkennt man, dass die Augen eines Weißen Hais weder kalt noch starr sind. Schließlich entdeckte ich sogar den blauen Ring um seine Iris. Er schaute mich direkt an! Er interessierte sich tatsächlich für mich!

Weiße Haie verfügen, wie andere Haie auch, über eine gute Sehschärfe. Sie können sogar in der Dämmerung sehr gut sehen.

Nach einiger Zeit kam es zum ersten Kontakt. Der Hai berührte sanft das Kameragehäuse, indem er es mit seiner Schnauzenspitze anstupste.

Dabei ist es ganz wichtig, zu erkennen, dass dies keinen Angriff darstellte! Man muss sich dafür nur einmal in die Lage des Hais versetzen. Er schwimmt in seinem Element, in dem er nach den Schwertwalen der unumschränkte Herrscher ist, und überall duftet es nach leichter Beute: Die Köder, mit denen wir den Hai angelockt hatten.

Allerdings konnte der Hai nichts Fressbares finden. Und dann sind da diese merkwürdigen Wesen im Wasser, die er sehr wahrscheinlich noch nie in seinem Leben gesehen hatte. Zudem wurde er durch die vielen verwirrenden elektrischen Signale des Kameragehäuses neugierig. Ein Hai weiß schließlich nicht, was Menschen sind. Er hat natürlich auch keine Ahnung, dass er dem Menschen im Wasser in allen Belangen haushoch überlegen ist und es ein Leichtes für ihn wäre, sein Gegenüber aus dem Verkehr zu ziehen.

Aber er weiß auch, dass er jegliche Verletzung seinerseits unbedingt vermeiden muss. Ein verletzter Hai wird schnell zur leichten Beute für andere Haie. Das wird er in jedem Fall versuchen zu vermeiden!

Also muss er vorsichtig erkunden, was sein Gegenüber ist und was er hier zu suchen hat. Ist er Nahrungskonkurrent, ist er Beute oder ist er ein Jäger? Will dieses merkwürdige

Wesen dem Hai seine Beute streitig machen, kann der Hai es angreifen und fressen oder will es gar selbst den Hai attackieren? Dabei hat der Hai zwei Möglichkeiten: Er geht auf Nummer sicher und verschwindet, oder er versucht, die Lage und sein Gegenüber erst einmal genauer zu erkunden.

Auch wenn danach noch viele weitere Begegnungen mit Weißen Haien ohne Käfig folgten, wird *mein* erster Weißer Hai für mich für immer unvergesslich bleiben.

Niemals werde ich den Anblick des Hais vergessen, als sich der Umriss seines imposanten, kraftstrotzenden Körpers langsam vom grünen Wasser abhob und er mit eleganten, majestätischen, kaum wahrnehmbaren Bewegungen immer näher auf mich zuschwebte. Was für ein Erlebnis!

Einverständnis

Bei einer der vielen Begegnungen im Wasser, die Mike, Morné, Andrea und ich mit Weißen Haien erleben durften, werde ich eine ganz bestimmte Interaktion nicht vergessen. Wir waren schon eine Weile mit einem etwa vier Meter großen, außerordentlich entspannten weiblichen Hai an der Oberfläche geschnorchelt und wollten weitere Interaktionen mit Weißen Haien für unseren Film aufnehmen.

Sie umkreiste uns mit ruhigen, gleichmäßigen Bewegungen und beäugte uns dabei aufmerksam, verschwand dann kurz aus unserem Blickfeld und tauchte aus einer anderen Richtung wieder auf. Allmählich kam sie uns auf diese Weise immer ein kleines Stückchen näher.

Mike schwebte aufrecht an der Wasseroberfläche, verhielt sich so ruhig wie möglich und machte sich kleiner, indem er die Beine anwinkelte, um sie nicht zu vertreiben.

Das muss man sich mal vorstellen: Wir stehen dem wohl gefürchtetsten Hai gegenüber und machen uns kleiner, damit er keine Angst vor uns hat!

Als sich die Haidame bis auf Armlänge genähert hatte, schien es, als würde sie für einen winzigen Moment noch langsamer – wie in Super-Zeitlupe – schwimmen und schließlich fast stillstehen. Ihr kräftiger Körper war jetzt direkt neben Mike. Es kam mir vor, als wollte sie ihn einladen, ein Stück mit ihm zu schwimmen. Mike ließ sich nicht zweimal bitten.

Er griff nach der stattlichen ersten großen Rückenfinne, die als Stabilisator bei hohen Schwimmgeschwindigkeiten dient, und hielt sich daran fest.

Mir blieb fast das Herz stehen. Mit allem hatte ich gerechnet. Ich hatte erwartet, dass der Hai den *blinden Passagier* mit einer schnellen Bewegung sofort wieder abschütteln und hektisch davon schwimmen würde oder gar zum Angriff übergehen könnte.

Aber der Hai glitt völlig unbeeindruckt, seelenruhig weiter, mit Schnorchler im Schlepptau, so als wäre es das Normalste der Welt. Der *Anhalter* an seiner Rückenfinne schien ihn nicht im Geringsten zu irritieren. Was für ein Anblick!

Dieser Vorgang wiederholte sich noch einige Male, offensichtlich in beiderseitigem Einverständnis. Immer, wenn Mike die Flosse des Hais nach einigen Sekunden losließ, schließlich wollte er sich nicht zu weit vom schützenden Boot entfernen, drehte der Hai um und kam zurück. Wir waren davon überzeugt, dass das Boot und sein Schatten in unserem Rücken den Hai ein wenig vorsichtiger werden ließen.

Jedes Mal hatte diese Szenerie etwas Surrealistisches! Es kam mir so vor, als ob sich eine geheimnisvolle Verbindung zwischen Mike und dem Weißen Hai etabliert hatte!

Leichtsinn

Für unsere Begegnungen mit Weißen Haien ohne Käfig haben wir uns auf eine Unterwasser-Sichtweite von mindestens acht Metern geeinigt. Wer schon einmal in Gansbaai war, weiß, dass diese Sichtweiten im Wasser in den Wintermonaten, wenn man die Haie dort am besten beobachten kann, nicht oft anzutreffen sind.

Unsere Geduld wurde also viel zu häufig auf das Äußerste getestet. Nach etlichen Wochen vergeblichen Wartens wollten und konnten wir es nicht mehr erwarten, endlich wieder ins Wasser zu gehen.

Wir hatten einen überaus entspannten Weißen Hai am Boot und konnten den Grund in etwa vier Meter Tiefe gerade noch schemenhaft erkennen. Das hätte uns stutzig machen müssen! Aber unsere Geduld war aufgebraucht, und diesen Hai wollten wir uns einfach nicht entgehen lassen. Als Mike, Morné und ich dann im Wasser waren, erkannten wir sofort unseren Fehler.

Die vertikale Sichtweite entspricht nicht immer der horizontalen Sichtweite. Letztere betrug keine drei Meter. Aber jetzt waren wir im Wasser, und der Hai umkreiste uns neugierig in etwa vier Meter Entfernung, wie uns die Bootscrew durch Zurufen mitteilte.

Trotz der geringen Entfernung konnten wir den Hai beim besten Willen nicht sehen. Nicht einmal ein vager Umriss war zu erahnen.

Schließlich kristallisierte sich eine schemenhafte Kontur aus dem trüben, grünen Wasser und glitt langsam auf uns zu. Wenn er jetzt das Kameragehäuse mit seiner Schnauzenspitze berührt hätte, wäre seine Schwanzflosse kaum noch zu erkennen gewesen. Das war keine gute Situation!

Aber wenn man mit einem Weißen Hai schnorchelt, kann man ihm nicht einfach den Rücken zudrehen und aus dem Wasser gehen. Schon gar nicht, wenn man nicht weiß, wo er sich gerade befindet.

Zum Glück verlor der Hai nach einiger Zeit das Interesse an uns, zumindest konnte ihn die Bootscrew nicht mehr sehen. Schließlich kletterten wir alle wohlbehalten zurück

ins Boot. Natürlich waren wir alle darüber sehr erleichtert. Denn unser Leichtsinn, bei schlechter Sichtweite ins Wasser zu gehen, wurde nicht bestraft. Das sollte uns eine Lehre gewesen sein!

Ein anderes Mal, als wir ebenfalls auf brauchbare Sichtweiten warteten, hatte ich die *gute* Idee, schnell ein paar Sequenzen für den Film zu drehen, für die man keinen Hai benötigte. Die Wochen vergeblicher Warterei hatten uns mal wieder gefährlich ungeduldig und leichtsinnig werden lassen.

Ich wollte ein paar Zwischenszenen filmen: Zum Beispiel, wie wir ins Wasser gingen, vom Boot wegschwammen, zum Boot zurückkehrten und wieder ins Boot kletterten. Da wir den ganzen Tag trotz Köder noch keinen einzigen Weißen Hai am Boot gehabt hatten, dachte ich, das würde kein allzu großes Risiko darstellen.

Wir drehten also besagte Szenen wie abgesprochen ab. Dabei konnte ich mich nebenbei davon überzeugen, dass die Sichtweite unter Wasser keine zwei Meter betrug. Also wirklich keine brauchbaren Bedingungen, um mit Weißen Haien ins Wasser zu gehen!

Kaum waren wir wieder im Boot, wir steckten noch in den Tauchanzügen, und das Wasser rann an uns herab, berieten wir, ob wir schnell noch eine weitere Szene im Wasser drehen sollten, als plötzlich, wie aus dem Nichts, ein Großer Weißer Hai am Heck des Bootes aus der Tiefe auftauchte. Er biss ohne Umschweife in die Bordwand und verschwand sofort danach auf Nimmerwiedersehen in der trüben grünen Brühe.

Wir waren also doch nicht alleine im Wasser gewesen! Das Ganze hatte sich so schnell und unvermittelt ereignet, dass keiner von uns reagieren konnte. Es schien fast so, als hätten wir das Ganze nur geträumt. Aber die Splitter an der Bordwand belegten die Realität dieser überraschenden Aktion.

Es erübrigt sich, zu erwähnen, dass wir an diesem und an den folgenden Tagen keine weiteren Ausflüge ins Wasser unternahmen, zumindest so lange, bis sich die Sichtweite unter Wasser nicht erheblich verbessert hatte!

Tiefe Beziehung

Nachdem wir viele Male mit Weißen Haien geschnorchelt waren, beschlossen wir schließlich, mit ihnen zu tauchen. Wir hofften, dadurch ein anderes Verhalten dokumentieren zu können. Und genau so kam es!

In Oberflächennähe agierten die Haie meist sehr vorsichtig und eher scheu. Am Meeresboden jedoch änderte sich ihr Verhalten gravierend. Dort unten waren sie sehr viel selbstbewusster und zielstrebiger.

Dicht über dem Grund verloren sie nicht viel Zeit, uns zu umkreisen, und unterzogen auch ohne Umschweife die Kameragehäuse einem kleinen Härtetest mit wohl gut gemeinten Probebissen – wie zahllose Bissspuren am Kameragehäuse belegen.

An der Wasseroberfläche hatten wir immer das schützende Boot direkt hinter uns. Zudem half uns die Bootscrew, indem sie uns zurief, aus welcher Richtung sich ein Weißer Hai näherte. Durch die polarisierten Gläser ihrer Sonnenbrillen, die die Reflexionen der Wasseroberfläche reduzierten, konnten sie durch die Oberfläche hindurchblicken und die Haie sehr viel früher erkennen, als es uns unter Wasser möglich war.

Beim Tauchen konnten wir uns also nicht mehr auf die wachsamen Augen der Crew und die Kommunikation mit ihr verlassen. Dort unten waren wir auf uns allein gestellt.

Meine einzige Sorge galt Andrea. Ich wollte nicht, dass sie ohne Käfig mit Weißen Haien tauchte. Es ist etwas anderes, ob man für sich selbst diese Entscheidung trifft oder ob man durch sein Handeln eine andere Person dazu verleitet. Besonders, wenn sie nur 1,50 Meter groß ist! Ich wollte meine Frau nicht einem möglicherweise zusätzlichen Risiko aussetzen. Andrea war damit natürlich keinesfalls einverstanden. Nach endlosen Diskussionen sprach sie dann eine Woche lang kein einziges Wort mit mir – bis sie sich schließlich doch durchgesetzt hatte.

Andrea, Mike, Morné und ich tauchten in Tiefen von etwa fünf bis sechs Metern, bei nur – für südafrikanische Verhältnisse – guten Sichtweiten von mindestens acht Metern. Wir hatten unsere Lektionen gelernt!

Um unsere Bewegungsfreiheit zu erhöhen und damit sich nichts im Riff verfangen konnte, beschlossen wir, die Tauchausrüstung auf ein Minimum zu reduzieren. Wir verzichteten auf Tarier-Jackets und auf Oktopus-Atemregler sowie auf Finimeter. Es gab nur noch eine erste und zweite Stufe an der Tauchflasche mit Tragschale. Sonst nichts.

Es kam mir vor wie eine Zeitreise in meine Tauchanfänge. Damals gab es auch nur die Tauchflasche und einen Lungenautomaten.

Dabei fällt mir ein, dass wir an einem der wenigen Tage mit guten Sichtweiten unter Wasser feststellten, dass die Crew vergessen hatte, meine Tragschale im Boot zu verstauen. Natürlich fiel das erst auf, als wir schon draußen vor Anker lagen. Zum Hafen zurückzufahren, um die Tragschale zu holen, war keine Option, und natürlich wollte ich auf keinen Fall auf die Tauchgänge an diesem Tag verzichten.

Aber in Südafrika gibt es immer einen Weg. Irgendwo in den »Tiefen« des Bootsrumpfes fand sich noch eine leicht beschädigte Tragschale. Allerdings fehlten die Gurte, um die Tragschale an der Tauchflasche zu befestigen und um das Ganze dann auf meinem Rücken zu schnallen.

Also bastelten wir mit Bändern, die wir im Boot fanden, provisorische Gurte. Auf diese Weise konnten wir die Wartezeit gut überbrücken. Als wir dann etwas später einen entspannten Weißen Hai am Boot hatten, machten wir uns bereit zu tauchen. Ich band die Tragschale mit der notdürftig befestigten Tauchflasche auf meinen Rücken und zurrte die Bänder fest, so gut ich konnte. Diese abenteuerliche Konstruktion schien tatsächlich tadellos zu funktionieren – zumindest auf dem Boot.

Nach einiger Zeit und friedlichen Interaktionen mit dem Weißen Hai spürte ich, wie der Zug auf meinen Lungenautomaten langsam immer stärker wurde. Schließlich konnte ich den Kopf nicht mehr nach links drehen, ohne die erste Stufe aus dem Mund zu verlieren. Irgendwie schien der Schlauch des Lungenautomaten auf einmal viel zu kurz geworden zu sein.

Ich versuchte, diese unangenehme Situation so gut es ging zu ignorieren. Wir waren alle viel zu sehr mit dem Weißen Hai beschäftigt, der uns die ganze Zeit über neugierig umkreiste. Ihm galt die ungeteilte Aufmerksamkeit. Also entschied ich mich, diese missliche Lage auszusitzen und darauf zu warten, dass der Hai schließlich das Interesse an uns verlor und davonschwamm.

Wenn man mit Weißen Haien taucht, muss man sich voll und ganz auf sie konzentrieren. Eine einzige falsche Bewegung, und sei es nur eine – für uns – harmlose Balancebewegung mit einem Arm, kann der Auslöser für einen Angriff sein.

Es dauerte eine ganze Weile, bis der Hai schließlich von der Bildfläche verschwand und ich die Ursache für mein Problem erkunden konnte. Denn allmählich stellte sich ein Krampf in meiner Kiefermuskulatur ein, weil ich immer fester auf das Mundstück beißen musste, um es im Mund zu behalten.

Ich nahm den Lungenautomaten aus dem Mund, um meinen Kopf weit genug nach links zu drehen. Aus den Augenwinkeln sah ich das untere Ende meiner Tauchflasche, die waagerecht im Wasser hing. Schlagartig fiel mir die vorher selbstgebastelte Befestigung der Tauchflasche wieder ein.

Meine improvisierte Gurt-Konstruktion funktionierte im Wasser doch nicht so gut wie vorher auf dem Boot im Trockenen. Die Bänder hatten sich im Wasser gelockert, so dass sich die Flasche aus der Halterung gelöst hatte. Sie hing jetzt nach links gerichtet, waagerecht unter der Tragschale, die immer noch perfekt auf meinem Rücken befestigt war. Nur der Lungenautomat in meinem Mund verhinderte, dass die Tauchflasche davon schwebte.

Bei einem anderen Tauchgang wurden wir von drei Weißen Haien umkreist. Immer wieder verschwand mindestens einer aus unserem Sichtfeld, um gleich darauf aus einer anderen Richtung wieder zu erscheinen. Für uns war es dadurch nicht einfach, die Übersicht und die Kontrolle zu behalten.

Dabei konnten wir ihre Kommunikation unter Artgenossen, die hauptsächlich über Schwimmbewegungen stattfindet, sehr gut beobachten. Dazu gehören zum Beispiel gegenseitiges Umkreisen, paralleles Schwim-

men (sich in voller Größe zeigen), Aufeinanderzuschwimmen und Ausweichen sowie Schwimmen mit angelegten Brustflossen.

Das Öffnen des Mauls und Vorschieben der Kiefer wird allgemein als Drohgebärde gedeutet. Möglicherweise dient es zum Etablieren einer Rangordnung. Offensichtlich waren sie damit beschäftigt, sich gegenseitig abzuchecken und erst einmal die Hierarchie untereinander zu klären.

Das war echt spannend zu beobachten! Sie bewegten sich lautlos, mit majestätischer Anmut und kamen immer näher. Für sie waren wir sehr wahrscheinlich eine völlig neue Erfahrung, die sie erst einmal verarbeiten mussten. Sicherlich sahen sie sich zum ersten Mal mit fremdartigen, blubbernden Wesen konfrontiert. Doch unsere Luftblasen schienen sie nicht im Geringsten zu stören. Bei einem der Haie hing noch ein Köderrest von einem anderen Hai-Beobachtungstouren-Anbieter aus dem Maul, und er schien mich regelrecht anzugrinsen.

Schließlich kam es zum ersten Kontakt. Einer der Haie unterzog das Kameragehäuse einem kleinen Härtetest. Und da Haie keine Hände haben, bleibt nur ein gut gemeinter Probebiss – sozusagen ein *Hai-Five*.

Im Gaumenbereich befinden sich Geschmacksknospen. Mit ihrer Hilfe prüft der Hai, ob eine Beute genießbar ist. Dazu beißt er nicht mit seinen Zähnen zu, sondern setzt einen sogenannten Gaumenbiss an, um mehr über die Beschaffenheit seiner potenziellen Beute zu erfahren.

Einige Hai-Arten haben ein sehr enges Nahrungsspektrum, wie zum Beispiel Weiße Haie, andere sind da weniger wählerisch, wie beispielsweise Tigerhaie. Ob eine Beute ins jeweilige Nahrungsspektrum passt und gefressen werden kann, hängt von deren Geschmack ab. Unbekannte Beute wird nach Möglichkeit vorher probiert, bevor ein kraftvoller Biss erfolgt.

Mike, Morné und ich hatten immer ein Auge auf die Haie und ein Auge für Andrea. Da sie recht klein ist, wollten wir sie natürlich, so gut es ging, beschützen. An diesem Tag hatten wir alle Hände voll zu tun, denn das waren zu *viele Haie für zu wenige Augen!*

Der größte Hai schwamm ohne Hektik geradewegs auf Andrea zu. Mike wollte ihn irritieren, um ihn von Andrea abzulenken, und versuchte, ihn an seiner Schwanzflosse zu berühren. Doch er verfehlte ihn um wenige Millimeter. Andrea blieb jedoch ganz ruhig, hielt ihren Atem an, um den Hai nur ja nicht im letzten Moment noch zu verscheuchen. Sie wollte ihn formatfüllend filmen und kam dem Hai dafür sogar noch ein kleines Stückchen entgegen.

Sie schien den Moment in vollen Zügen zu genießen! Der Hai war jetzt nur noch wenige Zentimeter von ihrer Kamera entfernt. Er beäugte Andrea und ihr Kameragehäuse ausgiebig und schwamm dann extrem langsam und ruhig an ihr vorbei. Andrea schien ein regelrechtes Feuerwerk im Herzen zu haben: Sie strahlte wie eine Schneekönigin! Sie schien sich sicher zu sein, tolle Aufnahmen gemacht zu haben! Und tatsächlich: Die Aufnahme war super und als zusätzliches Highlight gab der Hai, als er an Andrea vorbeigeschwommen war, den Blick auf einen weiteren Hai frei, der die Szene von oben beobachtet hatte.

Nach einiger Zeit attackierte plötzlich einer der Haie die anderen beiden wie aus heiterem Himmel und verscheuchte sie. Sie verschwanden mit schnellen, weit ausladenden Schlägen ihrer Schwanzflosse auf Nimmerwiedersehen. Erstaunlich, wie schnell sie sozusagen »aus dem Stand« beschleunigen können! Wir haben bis heute keine Erklärung für diese Aktion.

Das Verhalten des verbliebenen Hais änderte sich jetzt deutlich. War er vorher noch etwas auf Distanz geblieben und vorsichtig gewesen, so glitt er jetzt selbstbewusst geradewegs auf uns zu, drehte kurz vor uns ab, verschwand im diffusen Wasser und kam sofort darauf aus einer anderen Richtung wieder auf uns zugeschwommen – mit weit aus-

ladenden Schlägen seiner Schwanzflosse. Er schien einen Plan zu haben!

Durch diese Manöver war es für uns recht schwierig, den Überblick zu behalten. Es kam mir fast so vor, als ob der Hai genau wusste, wie weit die Sichtweite unter Wasser reichte und ab welcher Distanz wir ihn nicht mehr sehen konnten. Und dies schien er bewusst zu seinem Vorteil zu nutzen!

Bei den Annäherungen zeigte der Hai jetzt keinerlei Scheu mehr vor uns. Er schwamm dicht an uns vorbei, stupste die Kameragehäuse an und unterzog sie schließlich vorsichtigen Bissproben. Einige Male näherte er sich mit solch einer Dynamik, dass er Mike mit dem Rücken auf den Boden drückte. Ein anderes Mal schwamm der Hai geradewegs auf Mike zu, und es schien, als würde er ihn ignorieren. Mike konnte eine Kollision gerade noch vermeiden, indem er sich im letzten Moment wegduckte.

Das grünlich schimmernde Wasser verlieh der ganzen Szenerie etwas Mystisches und Gespenstisches!

Wir dachten, er wäre vielleicht am Köder interessiert, den wir sicher in einem Netz in unserer Nähe unter einem großen Stein verstaut hatten und traten ohne Köder vorsichtig den Rückzug an. Immer dicht am Meeresgrund. Immer darauf bedacht, das Riff zum Schutz im Rücken zu haben.

Sehr bald erkannten wir jedoch, dass sein Interesse nicht dem Köder galt. Er interessierte sich ausschließlich für uns! Das war keine gute Situation!

Nach einiger Zeit beschlossen wir, den Rückzug zum Boot zu wagen. Da die Strömung sich jedoch gedreht hatte und wir unsere ursprüngliche Position etwas verändert hatten, befanden wir uns jetzt nicht mehr unter dem Boot. Also mussten wir erst nach dessen Silhouette suchen. Wir wollten auf keinen Fall im Freiwasser, weit ab vom ankernden Boot, auftauchen. Das erschien uns viel zu riskant!

Der Hai umkreiste uns weiterhin sehr interessiert. Er steuerte immer wieder aus dem Nichts auf uns zu und verschwand wieder aus unserem Sichtfeld. Ich hatte den Eindruck, dass er inzwischen deutlich schneller als vorher durch das Wasser glitt.

Nach einigem Suchen tauchte dann endlich der ersehnte Bootsumriss über uns auf. Rücken an Rücken begannen wir mit dem Aufstieg. Auch jetzt tauchte der Hai einige Male wie aus dem Nichts auf uns zu und verschwand dann wieder.

Wegen der geringen Tiefe mussten wir keinen Dekompressions-Stopp einhalten. Es war unglaublich, wie weit der Weg aus nur fünf bis sechs Meter Tiefe zurück zum Boot sein konnte! An der Oberfläche angekommen kletterten wir alle so schnell wie möglich in das rettende Boot.

Der perfekte Tag

Im Laufe der Jahre bei den Dreharbeiten mit Weißen Haien lernten wir immer mehr über das Verhalten der Tiere und ihre Reaktionen auf unsere Anwesenheit und unser Handeln. Wir wurden immer mutiger und spannten den Bogen immer weiter.

Die Bilder sollten so atemberaubend wie möglich werden. Wir wollten die Leute mit spektakulären Aufnahmen förmlich aus dem Sessel reißen und verdeutlichen, dass Haie keine Monster sind. Dabei wollten wir die Haie aber auf keinen Fall vorführen!

Auf die Durchführung der Aufnahmen für eine ganz spezielle Szene haben wir mehr als vier Wochen lang warten müssen. Alles war bis ins kleinste Detail genau geplant.

Wir wussten, dass wir diese besondere Sequenz nur ein einziges Mal drehen konnten, weil sie äußerst riskant war. Also musste für diese Aufnahmen wirklich *alles* perfekt sein!

Das Wasser und der Himmel mussten blau und die Sichtweite unter Wasser optimal sein. Zudem sollte kein Wind wehen, zum einen, damit die Wasseroberfläche glatt und ohne Wellen war, und zum anderen, damit sich die Position des Bootes nicht im entscheidenden Moment ändern konnte. Diese Bedingungen findet man in den Wintermonaten in Südafrika nur an etwa fünf bis acht Tagen, verteilt auf die ganze Saison.

Außerdem brauchten wir natürlich den *perfekten* Hai. Er sollte entspannt und cool sein, auf keinen Fall unruhig oder unsicher!

Dazu musste er aus einer bestimmten Richtung zur Sonne und zum Boot, direkt vor den Kameraleuten, frontal auf Mike zuschwimmen. Zudem sollte die Sonne die Szene eindrucksvoll von hinten ausleuchten.

Jeden Tag prüften wir mehrfach den Wetterbericht und jede Nacht stand ich auf, um nachzusehen, wie stark der Wind blies. Nach etwa vier Wochen Wartezeit herrschte in der Nacht völlige Windstille. An Schlaf war jetzt natürlich nicht mehr zu denken. Ich lag wach im Bett und lauschte auf jedes kleinste Geräusch von draußen.

Auch am Morgen war immer noch kein Windhauch zu spüren. Die Sonne ging auf, und der Himmel war tiefblau. Alles schien perfekt zu sein!

Als wir am frühen Morgen mit der Crew zusammenkamen und die letzten Vorbereitungen am Bootsanleger trafen, wurde kaum ein Wort gesprochen. Auch ohne große Worte wusste jeder: Heute war der Tag!

Wir waren schon sehr früh draußen, lange vor den anderen Booten, und suchten uns einen geeigneten Ankerplatz, abseits der Plätze, an denen die Touristenboote normalerweise ankerten. Wir wollten für die geplante Interaktion unter uns sein.

Der Morgen verstrich, und es zeigte sich kein einziger Hai, obwohl wir wie verrückt mit allen möglichen Leckerbissen köderten. Im Laufe des Tages kamen zwar einige Haie an unser Boot, aber wir fanden, dass es nicht die *richtigen* Haie waren. Sie schienen uns alle zu unruhig und nervös für unser Vorhaben zu sein. Also nahmen wir den Köder jedes Mal wieder aus dem Wasser und warteten, bis sie wegschwammen, bevor wir weiter köderten.

Der Tag verstrich, es wurde Nachmittag, und wir hatten immer noch keinen geeigneten Hai am Boot. Die Stimmung hatte längst ihren Tiefpunkt erreicht. Sollte dieser perfekte Tag, auf den wir so lange gewartet hatten, wirklich ereignislos verstreichen? Da rief uns plötzlich ein befreundeter Anbieter über Funk an. Er teilte uns mit, er sei mit seiner Tour fertig und fahre zurück, und er habe einen wirklich tollen *Player* am Boot, den wir gerne übernehmen könnten.

Schlagartig änderte sich unsere Stimmung. Sofort wurde der Anker eingeholt, und wir fuhren so schnell wie möglich zu besagter Stelle. Der Anbieter überließ uns den Hai wie besprochen und fuhr mit seinen Gästen zum Bootsanleger zurück.

Ein kurzer Blick ins Wasser, und uns war sofort klar: Dies war *der* perfekte Hai! Es konnte also losgehen! Das Adrenalin pumpte plötzlich Wellen durch meinen Körper!

Niemand im Boot sprach auch nur ein einziges Wort. Jeder wusste genau, was er zu tun hatte. Jeder war voll konzentriert und auf seinem Posten. Wohl hundertmal kontrollierte ich die Kamera, ob Fokus, Batterieladung, Funktion etc. in Ordnung waren.

Das Boot wurde in die richtige Position gebracht, sodass die Sonne die Szenerie von hinten optimal ausleuchten konnte. Sie stand gerade noch hoch genug am Himmel. Aller-

dings blieb uns nicht mehr allzu viel Zeit, bevor der Schatten des Bootes uns einen Strich durch die Rechnung machen würde.

Sobald wir die Tauchanzüge übergezogen hatten und bereit waren, glitten Mike und ich auf ein Zeichen gemeinsam ins Wasser. Andrea sollte alles vom Boot aus aufnehmen. Schnell hatte jeder seine vorher abgesprochene Position eingenommen. Die Kameras und wir waren bereit. Es konnte losgehen!

Der Hai ließ sich dann auch zum Glück nicht lange bitten. Er schwamm schon bei sei-

ner ersten Annäherung, wie von uns geplant, genau aus der gewünschten Richtung direkt auf unseren Protagonisten zu. Langsam, aber zielstrebig kam er immer näher.

Als die beiden nur noch knapp eine Armlänge voneinander entfernt waren, streckte Mike Rutzen dem Hai seine Hand entgegen. Den Hai schien das nicht weiter zu beeindrucken. Er bewegte sich unbeirrt weiter auf Mike zu.

Schließlich berührte Mike die Schnauzenspitze des Hais mit seiner Hand. Neben dem knapp sechs Meter großen Hai wirkte Mike recht klein und verletzlich. Bis zum Äußersten angespannt verfolgte ich, was nun geschah. Jetzt bloß keinen Fehler machen!

Der Hai reagierte tatsächlich genau wie von uns erwartet. Als Mike die Schnauzenspitze des Hais mit seiner Hand berührte, öffnete er sein Maul und richtete sich vor Mike auf. Für einen kurzen Moment stand er fast regungslos, senkrecht vor Mike im Wasser.

Der größte und vermeintlich gefährlichste Raubfisch auf Erden stand einem Vertreter der Spezies Mensch, die ihn an den Rand der Ausrottung getrieben hatte, Auge in Auge in seinem Element gegenüber und ließ es zu, dass er ihn an der Schnauzenspitze berührte! Was für eine unglaubliche, surreale Szene!

Sein Kopf durchbrach jetzt die Wasseroberfläche. Der Hai schnappte ein paar Mal mit seinem Maul in der Luft, so als könnte er diese – sicher auch für ihn einmalige – Situation nicht begreifen. Dann drehte er langsam zur Seite ab und verschwand auf Nimmerwiedersehen.

Die ganze Szene dauerte kaum mehr als zwei Sekunden. Trotzdem kam sie mir wie eine kleine Ewigkeit vor. Ich war in Zeit und Raum gefangen, und alles schien wie in Zeitlupe abzulaufen. Erst als der Hai verschwand, brachte mich das dumpf klickende Geräusch meiner Kamera, die auf Hochtouren lief, zurück in die Realität!

Als wir wieder im Boot waren, konnten wir im ersten Moment kein Wort miteinander wechseln. Alle waren noch zu sehr ergriffen von dem, was sie gerade erlebt hatten. Erst nach einiger Zeit fiel die ganze Anspannung von uns allen ab, und es machte sich eine unglaubliche Euphorie im Boot breit. Es erübrigt sich, zu erwähnen, dass an diesem Abend kräftig gefeiert wurde und wir uns den einen oder anderen Witblits gönnten!

Diese besondere Interaktion war nur möglich gewesen, weil sie uns dieser eine Hai in dieser speziellen Situation gestattet hatte! Die Aufnahmen belegen, dass Weiße Haie keineswegs die gefühllosen, alles vernichtenden Tötungsmaschinen sind, für die sie von vielen Menschen gehalten wurden – und teilweise immer noch gehalten werden!

Natürlich gehören sie zu den gefährlichsten und mächtigsten Räubern der Meere, und diese Interaktion ist auf keinen Fall zur Nachahmung empfohlen! Weiße Haie sind keine Kuscheltiere, und man muss immer und bei jeder Begegnung auf alles gefasst sein.

Auch heute, nach so vielen Jahren, läuft diese Szene noch immer in Slow Motion vor meinem geistigen Auge ab, als wäre sie gerade eben erst geschehen.

TIGERHAIE

Galeocerdo cuvier

Haimagnet

Tigerhaie können eine Länge von etwa 5,50 Metern erreichen, möglicherweise sogar von bis zu sechs Metern. Sie stellen allein schon wegen ihres opportunistischen Jagdverhaltens, aber auch wegen ihrer beeindruckenden Größe und ihren messerscharfen Zahnreihen, eine potenzielle Gefahr für Menschen dar. Bei Begegnungen mit ihnen ist große Umsicht, Ruhe und Respekt der beste Ratgeber.

Da Haie mithilfe der Lorenzinischen Ampullen elektromagnetische Schwingungen wahrnehmen können, interessieren sie sich natürlich auch für die Metallgehäuse der Kameras. Ganz besonders Unterwasserblitzgeräte, die eine Menge elektromagnetischer Schwingungen erzeugen, stehen ganz weit oben auf ihrer Interessens-Skala.

Diese Erfahrung machte ich gleich bei unserem ersten Testtauchgang mit Tigerhaien in Umkomaas in Südafrika. Andrea und ich waren am Tag zuvor erst spät abends angekommen. Da das Wetter gut werden sollte, beschlossen wir, am nächsten Morgen mit dem Boot rauszufahren, um das Equipment und die Kameras zu prüfen und um uns gleichzeitig an die Gegebenheiten vor Ort zu gewöhnen. Ich hatte es gerade so geschafft, die Kamera und das Unterwassergehäuse zusammenzubauen, und hatte deshalb auch nur einen Unterwasserblitz montiert.

Schon nach kurzem Ködern ließen sich die ersten beiden Tigerhaie neben dem Boot blicken. Was für schöne, elegante Tiere! Deutlich konnten wir die typische, namensgebende getigerte Musterung auf ihrem Rücken durch die spiegelglatte Wasseroberfläche erkennen.

Diese Musterung ist bei Jungtieren am stärksten ausgebildet und verblasst mit zunehmendem Alter, bis sie nur noch sehr undeutlich oder gar nicht mehr zu erkennen ist. Der Musterung wird eine Tarnfunktion zugeschrieben. Jungtiere halten sich gewöhnlich in Ufernähe an der Wasseroberfläche auf. Die Schatten der Wellen bilden auf dem Untergrund im flachen Wasser ein ähnliches Muster wie die auf dem Rücken der Jungtiere.

Die Tigerhaie hatten eine Länge von etwa drei bis vier Metern. Natürlich dauerte es beim ersten Mal etwas länger, bis Andrea und ich im Boot unsere Tauchausrüstungen angelegt hatten und mit schussbereiten Kameras auf dem Gummiwulst des Schlauchboots saßen. Wir warteten auf das Kommando von Steve, unserem Sicherungstaucher, um uns rückwärts ins Wasser zu rollen.

Die Sichtweite unter Wasser war nicht schlecht, und es konnte losgehen. Wir tauchten in etwa fünf bis sechs Metern Tiefe im Freiwasser in der Nähe einer Köderbox, bestehend aus einer großen Plastiktonne, die mit Fischabfällen gefüllt und mit zahllosen Löchern versehen war. Dieser Köderbox galt das ganze Interesse der Haie.

Da das Boot nicht ankerte, drifteten wir mit der Köderbox in der Strömung. Dabei musste man ganz besonders darauf achten, nicht in die Geschmacksspur der Ködertonne zu gelangen. Es ist keine gute Idee, sich in dieser Spur zu befinden, besonders, wenn man mit Tigerhaien taucht.

Inzwischen hatten sich drei Tigerhaie und einige Schwarzspitzenriffhaie eingefunden.

Anfangs lief alles bestens. Die Schwarzspitzenriffhaie waren etwas hektisch, während die Tigerhaie entspannt und ausgesprochen ruhig durch das Wasser glitten. Sie alle suchten nach etwas Fressbarem. Da die Tigerhaie jedoch nichts fanden, interessierten sie sich schließlich auch mehr und mehr für uns. Sie fragten sich sicher, ob wir Nahrungskonkurrenten, Beute oder gar Jäger waren.

Nach einigen vorsichtigen Annäherungen schien ein Tigerhai den elektromagnetischen Schwingungen meines Unterwasserblitzgerätes nicht mehr widerstehen zu können.

Er schwamm ruhig, aber sehr bestimmt auf mich zu und rollte die weiße Nickhaut über sein Auge, um es vor Verletzungen zu schützen. Dann schnappte er sich den Unterwasserblitz und wollte mit ihm davonschwimmen. Der Blitz war für einen Moment komplett in seinem Maul verschwunden!

Andrea, die die ganze Situation filmte, hatte ihren Spaß und wollte unbedingt sehen, wie die Sache ausgehen würde. Sie war sich sicher, ich würde mir den Blitz nicht so einfach wegnehmen lassen. Natürlich wollte ich meine Ausrüstung nicht kampflos hergeben, schon gar nicht am ersten Tag unserer zwei Monate dauernden Produktionstour.

Der Hai schien zunächst auch recht entschlossen, den Blitz behalten zu wollen, gab aber dann doch nach. Er hatte sich wohl davon überzeugt, dass es sich keineswegs um einen Leckerbissen handelte.

Ich hatte nur Sorge, er hätte möglicherweise den Blitz beschädigt. Ein kurzer Blick jedoch bestätigte, dass es keine Schäden am Blitz gab und dass auch das Blitzkabel, von denen ich natürlich auch nicht unendlich viel Ersatz dabei hatte, noch intakt war.

Der Hai hatte nur ganz sanft und vorsichtig einen Gaumenbiss angesetzt. Er wollte

lediglich erkunden, ob der Blitz mit seinen verlockenden elektromagnetischen Schwingungen etwas Fressbares darstellte. Mit dem Inhalt der Köderbox hätte er sich sicherlich intensiver beschäftigt und sich nicht so schnell zufrieden gegeben.

Kaugummi

Natürlich überschlugen sich die Ereignisse nicht an jedem Tag. Oft mussten wir stunden- oder gar tagelang auf gute Situationen warten. So auch an diesem Tag. Wir hatten uns wie immer früh am Morgen mit dem Schlauchboot durch die tosende Brandung gekämpft, um den ganzen Tag mit den Tigerhaien zu arbeiten.

Da die Tage zuvor recht windig gewesen waren und wir auf besseres Wetter warten mussten, waren wir entsprechend ungeduldig. Am Tauchplatz angekommen, erkannten wir sofort, dass die Sichtweite unter drei Metern betrug.

Keine gute Idee, da mit Tigerhaien zu tauchen! Wir köderten trotzdem ein wenig, man wusste ja nie. Vielleicht besserte sich die Sichtweite im Laufe des Tages ja doch noch etwas, wenn die Flut einsetzte. Zudem war es ein Genuss, endlich wieder auf dem Meer zu sein und die wohltuende Meeresluft zu atmen.

Gegen Mittag hatten wir dann einen äußerst agilen Tigerhai am Boot. Er verlor nicht viel Zeit mit Umkreisen, sondern schwamm direkt auf das Boot zu und versuchte, sich den Ködersack, den wir hinten zwischen den beiden Außenbordmotoren angebracht hatten, zu schnappen. Natürlich hatten wir etwas dagegen.

Außerdem dachte ich mir, dies könnte vielleicht auch eine gute Gelegenheit sein, um vom Boot aus einige Nahaufnahmen vom Hai zu machen. Also schnappte ich mir das Kameragehäuse, legte mich auf den hinteren Wulst unseres Schlauchbootes und hielt die Kamera schussbereit ins Wasser.

Andrea hatte den freien Platz am anderen Ponton eingenommen und filmte von dort mit ihrer Videokamera. Das war gar nicht so einfach: Zum einen bot der Ponton kaum Platz und Halt für uns, und zum anderen musste man sich ganz schön strecken, um das Kameragehäuse ins Wasser zu halten.

Der Hai ließ sich nicht lange bitten. Er schwamm schnurstracks auf die Kameras zu und stupste sie an. Ich schob ihn mit dem Kameragehäuse sanft weg, natürlich nicht, ohne einige Bilder zu machen. Das war wirklich eine tolle, wenn auch recht anstrengende Möglichkeit, Video- und Fotoaufnahmen zu machen.

Der Hai kam sofort wieder zurück, öffnete ein wenig sein Maul und unterzog das Gehäuse der Kamera einem vorsichtigen Probebiss. Da waren keine Aggression oder wilde Angriffe im Spiel. Alles lief völlig ruhig und entspannt ab, so als wäre es das Normalste der Welt. Das war perfekt! Andrea und ich waren begeistert!

Nach wenigen Minuten musste ich den Film wechseln – ja, damals hatte man noch mit Diafilmen fotografiert, und schon nach 36 Aufnahmen musste man den Film wechseln! Also schnell ins Boot zurück, die Hände abgetrocknet, das Gehäuse geöffnet, den Film zurückgespult, einen neuen hervorgekramt, eingelegt, O-Ring sorgfältig kontrol-

liert, das Gehäuse geschlossen, und weiter ging das Spiel.

Sobald ich wieder auf meiner vorherigen Position war und die Kamera ins Wasser hielt, kam er wieder, biss sanft in die Kamera und tauchte wieder ab. Als der Film belichtet war, zog ich mich wieder vom hinteren Ponton zurück, um einen neuen Film einzulegen.

Inzwischen schien der Hai sehr viel Spaß an unserer Interaktion zu haben – genau wie ich! Sicherlich hatte er auch keine Ahnung, warum dieses äußerst interessante Ding aus Metall zwischendurch immer mal wieder verschwand.

Er näherte sich also wieder der Stelle, an der eben noch mein Kameragehäuse im Wasser gewesen war, öffnete wie gehabt das Maul, und ich hörte, wie unserer Skipper, Pkee Stopforth, rief: »Beiß nicht in den Ponton! Beiß nicht in den Ponton!« Und dann kam, was kommen musste. Der Hai biss zu. In den Wulst unseres Schlauchboots! Das untrügliche Geräusch plötzlich entweichender Luft ließ einige Unruhe im Boot aufkommen!

Um den Hai kümmerte sich jetzt natürlich niemand mehr. Wir waren viel zu sehr damit beschäftigt, den Schaden am Boot zu begutachten. Der Ponton, der eben noch prall mit Luft gefüllt war, bewegte sich jetzt schlaff im Rhythmus der Wellen.

Zum Glück besteht ein Schlauchboot dieser Größe aus mehreren unabhängigen Luftkammern. In Windeseile sammelten wir den Köder ein, verstauten die Ausrüstung und starteten die Motoren.

Mit extrem langsamer Fahrt ging es dann vorsichtig zurück zum Strand. Alle Insassen kauerten eng nebeneinander auf einer Seite des Bootes, auf der intakten Luftkammer. Es ist wirklich keine gute Idee, Tigerhaie vom

Boot aus in das Kameragehäuse beißen zu lassen, wenn man mit einem Schlauchboot unterwegs ist!

Leider musste sich zudem gleich bei einem der ersten Kontakte des Hais mit dem Kameragehäuse die manuelle Einstellung der Belichtungszeit verstellt haben. Dummerweise bemerkte ich dies erst zu Hause beim Betrachten der Dias. Wie die Kölner sagen: »Et es, wie et es.«

Delikatesse

In Südafrika hatten Andrea und ich oft die Gelegenheit, mit Tigerhaien zu tauchen und ihr Verhalten gegenüber Menschen für unsere Filme zu dokumentieren (»Striped Hunters« und »End of a Myth«).

Während der etwa fünfjährigen Dreharbeiten bekamen wir die Gelegenheit, das Verhalten von Tigerhaien aufzunehmen, wie sie eine Schildkröte fraßen, mit offizieller Genehmigung des KwaZulu-Natal Sharks Board. Sie engagieren sich für den Schutz von Schwimmern vor Haiangriffen entlang der Küste von KwaZulu-Natal. Dies hatte damals nach unserem Wissen noch niemand versucht. Wir waren natürlich sofort Feuer und Flamme von der Idee! Vom KwaZulu-Natal Sharks Board erhielten wir dafür eine Unechte Karettschildkröte, die zuvor leider in einem Hainetz verendet war.

Hainetze werden vor den belebten Badestränden in Südafrika gespannt, um die Badenden vor Haien zu schützen. Leider werden diese Netze häufig zu Todesfallen für Tausende Haie, Delfine, Schildkröten, Robben, Seevögel und andere Meerestiere.

Als wir dann sehr früh am nächsten Morgen unseren Skipper am Boot trafen, waren wir sprachlos. Die Unechte Karettschildkröte, ein wirklich wunderschönes Tier, hatte eine Länge von etwa einem Meter. Als wir

sie dann schließlich mit vereinten Kräften ins Schlauchboot gewuchtet hatten, war kaum noch Platz für uns und unsere Ausrüstung.

Aber irgendwie fanden Andrea, Steve, unser Skipper Pkee und ich dann schließlich doch, eng zusammenkauert, ein Plätzchen im Boot zwischen der Schildkröte, dem Kamera- und Tauchequipment sowie der stinkenden Köderbox.

Die Ausfahrt durch die Brandung gestaltete sich entsprechend unbequem, und der Gestank des Kadavers wurde mit der Zeit immer unerträglicher. Auch die Hartgesottenen unter uns waren bei der Ausfahrt verdächtig ruhig und bleich im Gesicht und kämpften mehr oder weniger erfolgreich gegen ihre Übelkeit an.

Nachdem wir am geplanten Tauchplatz angekommen waren, wuchteten wir als Erstes die Schildkröte über Bord. Endlich hatten wir wieder etwas mehr Platz im Boot! Und der penetrante Gestank wurde schnell von einer leichten Brise weggeweht.

Tigerhaie sind Spitzenprädatoren, die ein sehr breites Nahrungsspektrum haben. Sie fressen fast alles, was sie finden können. Sie

ernähren sich unter anderem auch von Vögeln, Fischen, anderen Hai-Arten sowie von Meeressäugern, Walkadavern und Schildkröten. Aber es werden auch immer wieder alle möglichen unverdaulichen Gegenstände, wie Autoschilder oder Autoreifen, in Tigerhaimägen gefunden.

Die wurzellosen Zähne wachsen bei Haien auf der Innenseite des Kiefers zeitlebens nach. Hinter jedem vorderen Zahn stehen mehrere Folgezähne in verschiedenen Entwicklungsstadien. In den vordersten Reihen stehen die Zähne senkrecht, während die hinteren flach anliegen. Im Laufe ihrer Entwicklung richten sie sich allmählich auf und übernehmen schließlich die Funktion des vordersten Zahns. Diese bei Haien typischen Zahnreihen werden Revolvergebiss genannt.

Schildkröten gehören wohl zur Lieblingsspeise von Tigerhaien. Sie sind die einzigen Haie, die mit ihren rasiermesserscharfen, doppelt gesägten, charakteristischen Zahnreihen auch den Panzer großer Schildkröten mit Leichtigkeit knacken können. Entsprechend hoch waren unsere Erwartungen, dass sich schnell die ersten Tigerhaie einfinden würden.

Dann ist jedoch alles viel schneller passiert, als wir es erwartet hatten! Kaum war die Unechte Karettschildkröte im Wasser, tauchten auch schon die ersten beiden Tigerhaie auf. Neugierig umkreisten sie den Kadaver.

Plötzlich schnappte sich einer der Haie die Schildkröte und verschwand mit ihr in der Tiefe. Es ging alles so schnell, dass wir fast keine Bilder machen konnten! Ruck zuck war die Schildkröte auf Nimmerwiedersehen verschwunden! Die ungemütliche Bootsfahrt mit dem penetranten Gestank hatte sich nicht gelohnt.

Eine Woche später erhielten wir vom Natal Sharks Board eine weitere Schildkröte, die

leider ebenfalls in den Hainetzen verendet war. Diesmal handelte es sich jedoch um eine Lederschildkröte. Es war ein wirklich stattliches, imposantes und wunderschönes Exemplar von knapp zwei Meter Länge!

Für uns und unser Equipment wäre neben der Lederschildkröte kein Platz mehr im Boot gewesen. Aber in Südafrika gibt es immer einen Weg, auch unlösbar scheinende Situationen zu meistern. Wir beschlossen schließlich, für die Schildkröte ein separates Boot zu nutzen – sehr zur Freude aller Bootsinsassen!

Die Ausfahrt muss für den bedauernswerten Skipper, mit dem stinkenden Kadaver im Boot, schier unerträglich gewesen sein. Als er den vereinbarten Platz erreicht hatte, halfen wir ihm mit vereinten Kräften, die Lederschildkröte irgendwie ins Wasser zu wuchten.

Als wir unsere Ausrüstung anlegten, hoffte wohl jeder im Boot – ganz besonders der Skipper, der die Schildkröte transportiert hatte –, diese Prozedur nicht noch einmal wiederholen zu müssen.

Dieses Mal sollten unsere Mühen belohnt werden. Das Wasser war perfekt, und die Sichtweite betrug etwa fünfzehn Meter, was in diesen Gewässern zu dieser Jahreszeit nicht sehr häufig vorkommt.

Kurz nachdem die Lederschildkröte im Wasser war, erschien auch schon der erste Tigerhai an der Wasseroberfläche. Neugierig umkreiste er den Kadaver. Noch während wir uns für den Tauchgang fertig machten, dieses Mal deutlich schneller als beim letzten Mal, gesellten sich drei weitere Tigerhaie dazu. Als wir im Wasser waren, umkreisten schließlich zehn Tigerhaie die Schildkröte – und uns.

Als das gesamte Filmteam im Wasser war, verloren die Haie für kurze Zeit das Interesse an der Schildkröte. Neugierig umkreisten sie nun uns. Erst als sie sich davon überzeugt hatten, dass das Team keine Bedrohung oder gar Nahrungskonkurrenz für sie darstellte, konzentrierten sie sich wieder ganz auf die Quelle ihres ursprünglichen Interesses. Diese Delikatesse wollten sie sich offenbar auf keinen Fall entgehen lassen!

Der Kadaver der Schildkröte dümpelte träge an der Oberfläche, und ihr Kopf wurde sanft vom leichten Seegang auf und ab bewegt. Es schien fast so, als würde sie uns zunicken. Ich dachte, die Tigerhaie würden sich wahllos auf ihre leichte Beute stürzen, um sie in Windeseile zu zerfleischen. Aber genau das Gegenteil war der Fall: Ein Hai nach dem anderen holte sich seinen Anteil vom Leckerbissen. Entgegen unseren Erwartungen entwickelte sich kein wilder Fressrausch unter den Haien.

Ein stattliches Weibchen von gut vier Meter Länge biss fast behäbig in eine der vorderen Flossen des Opfers und sägte mit ruhigen, rollenden Bewegungen ihres Körpers einen Bissen heraus. Erst als dieser Hai mit seinem Happen im Maul den Platz am Köder freigab, kam der nächste Tigerhai heran und folgte dem Beispiel seiner Vorgängerin. Auch er sägte mit ruhigen und gleichmäßigen

Bewegungen ein Stück aus den Flossen der Schildkröte heraus.

Einer nach dem anderen, die großen Haie zuerst, offensichtlich streng nach Rangordnung, schwamm zur Schildkröte, stupste sie an oder versuchte, mit seinen messerscharfen Zähnen ein Stück des Leckerbissens zu erhaschen, während die anderen in gebührendem Abstand die Schildkröte und die Tauchergruppe umkreisten.

Nachdem die größeren Haie sich ihren Anteil geholt hatten, trauten sich auch die kleineren Haie an die Beute heran.

Dabei fiel uns auf, dass sich die Haie zunächst auf die Flossen der Schildkröte konzentrierten. Was natürlich Sinn ergibt. Würde sie noch leben, könnte sie nun nicht mehr entkommen, und sicherlich sind die Flossen auch leichter zu fressen als der Panzer.

Danach nahm sich einer der Haie den Kopf der Schildkröte vor. Etwas Blut strömte inzwischen aus ihrem Kadaver und verteilte sich im Wasser, doch das Verhalten der Haie änderte sich auch dadurch nicht im Geringsten. Auch jetzt gab es immer noch keinerlei Anzeichen von Fressrausch.

Der will nur spielen

Anfangs schienen die meisten Tigerhaie viel zu sehr mit dem großen Leckerbissen beschäftigt zu sein und nahmen kaum Notiz von uns. Doch nach und nach schienen sie sich wohl zu fragen, was wir denn eigentlich hier zu suchen hatten.

An ihrem Leckerbissen schienen diese *blubbernden Wesen* nur bedingt interessiert zu sein. Bestimmt irritierte es die Haie, weil diese merkwürdigen Wesen noch nicht einmal versuchten, einen Bissen aus der Delikatesse zu erhaschen, obwohl sie sich manchmal auf Armlänge neben dem Kadaver aufhielten. Nahrungskonkurrenten schienen sie demnach offensichtlich nicht zu sein. Möglicherweise fragten sich die Haie, ob wir vielleicht auch einen Leckerbissen darstellten.

Die Haie kamen inzwischen ohne jegliche Scheu immer dichter an uns heran. Wenn man die Tigerhaie von vorne kommen sah, war das kein Problem. Meist drehten sie dann langsam, scheinbar uninteressiert wieder ab, spätestens, wenn man einen heftigen Luftblasenschwall durch den Lungenautomaten ausatmete.

Die Haie interessierten sich natürlich außerordentlich für die Kameragehäuse. Ganz besonders schien es ihnen das silbrig glänzende Videogehäuse von Andrea angetan zu haben. Immer wieder stupsten sie es mit dem

Kopf an oder unterzogen es einer kleinen, wohl freundlich gemeinten Bissprobe.

Wenn sie das Gehäuse mit der Schnauze berührten, kam es mir gelegentlich so vor, als würden sie es küssen. Im Originalvideo hört es sich tatsächlich wie ein dicker Schmatzer an. Dies waren keine Angriffe auf die Taucher! Sie wollten uns lediglich etwas genauer erkunden. Zehn Tigerhaie gleichzeitig im Blick zu behalten und dann auch noch gleichzeitig zu filmen oder zu fotografieren, wie sie die Lederschildkröte fraßen, war gar nicht so einfach!

Durch das stark eingeengte Blickfeld der Tauchermasken und der Kamerasucher konnten wir unmöglich alle Haie gleichzeitig im Auge behalten. Steve Yelding, unser Sicherungstaucher, hatte nun wahrlich alle Hände voll zu tun, um uns vor unerwünschten Überraschungen zu bewahren, indem er die

Haie einfach mit seinen Händen vorsichtig, aber bestimmt beiseiteschob.

Ich war mal wieder mit meinem Kopf voll und ganz in den Sucher der Kamera vertieft und konzentrierte mich auf die Aufnahme. Die ganze Szenerie um mich herum hatte ich wie schon so oft für kurze Zeit vollkommen vergessen.

Was für ein Fehler! Einen Tigerhai lässt man nicht ungestraft aus den Augen! Plötzlich bekam ich einen heftigen Stoß in meine rechte Seite und zuckte vor Schreck zusammen. Der Stoß riss mich jäh aus meiner Konzentration zurück in die Realität. Ich spürte das Wummern meines wilden Herzschlags, und das Adrenalin schoss schlagartig durch meinen Körper!

Was war geschehen? Ein Tigerhai, der eben noch ganz ruhig und scheinbar desinteressiert vor meiner Kamera vorbeigeschwommen war und den ich nicht weiter beachtet hatte, als er von mir abdrehte und aus meinem Blickfeld zu verschwinden schien, schwamm unmittelbar danach eine enge Kurve und kam nun schnurgerade auf meinen rechten Arm zu. Als er nur noch wenige Zentimeter von meinem Ellenbogen entfernt war, drehte er sich auf die Seite, rollte die weiße Nickhaut über sein Auge und öffnete sein Maul.

Zu meinem Glück hatte Steve diese Aktion von der Oberfläche aus genau beobachtet und konnte rechtzeitig eingreifen. Er war nicht mit uns getaucht, sondern hatte an der Wasseroberfläche geschnorchelt. Von dort hatte er den besten Überblick über die ganze Szenerie. Zudem war er ohne die sperrige Tauchausrüstung wesentlich schneller und wendiger – sehr zu meiner Freude!

Als der Hai gerade zum Biss ansetzen wollte, tauchte Steve ab, stürzte sich zwischen uns und versetzte dem Hai und mir einen kräftigen Stoß in die Seite. Mehr war nicht notwendig, um die ganze Situation zu klären.

Wir hatten uns wohl beide mächtig erschrocken! Der Hai ging daraufhin mit ein paar kurzen, kräftigen Schlägen seiner Schwanzflosse auf Distanz. Das sollte mir eine Lehre gewesen sein!

An dieser Stelle möchte ich ausdrücklich betonen, dass dieser Zwischenfall ausschließlich mein Fehler war! Der Hai wollte mich nicht angreifen. Er wollte lediglich durch einen Probebiss herausfinden, ob ich vielleicht auch einen Teil der Beute darstellte.

Man muss sich einfach mal in die Position des Hais hineindenken: Da treibt ein Leckerbissen in Form einer großen Lederschildkröte im Wasser, an der man sich nach Herzenslust vollfressen kann, und dann treiben da auch noch ein paar merkwürdige blubbernde Gestalten im Wasser herum, die offensichtlich nicht an diesem Festtagsschmaus teilnehmen, sich aber trotzdem immer in der Nähe aufhalten.

Da war es doch nicht weiter verwunderlich, dass der eine oder andere Tigerhai diese seltsamen Wesen einmal genauer untersuchen wollte. Woher sollte er auch wissen, dass diese *Blubberwesen* nicht Teil des Menüs waren? Schließlich hat er keine Hände, um sein Gegenüber genauer zu untersuchen.

Aber wer möchte schon, dass sein Arm von einem Tigerhai angeknabbert wird – auch wenn es noch so gut gemeint ist?

Nachdem die Haie den Kopf und die Flossen der Schildkröte gefressen hatten, versuchte sich ein etwa drei Meter großer Tigerhai vergeblich an ihrem Panzer. Aber der war wohl doch noch eine Nummer zu groß für ihn.

Schließlich überließ er das Feld einem größeren Artgenossen: Casey. Sie packte sich den Kadaver und verschwand mit ihm im Maul geradewegs in die dunkle Tiefe, dicht gefolgt von den anderen Haien.

Casey

Casey, eine knapp vier Meter lange Tigerhai-Dame, war der absolute Lieblings-Hai unseres Sicherungstauchers Steve. Und irgendwie schien es, als würde diese Zuneigung auf Gegenseitigkeit beruhen.

Wenn sie auftauchte, änderte sich schlagartig die Stimmung im Wasser. Allein an ihren eleganten, majestätischen Bewegungen erkannte man sofort, dass sie etwas ganz Besonderes war!

An diesem Tag schien sie besonders entspannt und ruhig zu sein. Steve wollte die Gunst der Stunde nutzen und versuchte etwas, was damals nach unserem Wissen noch niemand zuvor gewagt hatte. Er war davon überzeugt, Casey wäre so umgänglich, dass er es versuchen wollte. Steve tauchte mit einem Fisch in der Hand auf sie zu und hielt ihn Casey hin. Sie schien sich nicht zweimal bitten zu lassen und schwamm sofort auf Steve zu. Doch sie stürzte sich nicht, wie von uns erwartet, gierig auf den dargereichten Fisch. Tigerhaie sind sehr umsichtig und attackieren ihre Beute eher aus dem Hinterhalt.

Auch Casey machte da keine Ausnahme und zeigte sich erst einmal von ihrer scheuen Seite. Sie schien die neue, für sie unbekannte Situation erst einmal gründlich überdenken zu wollen und verschmähte den angebotenen Leckerbissen – vorerst.

Scheinbar uninteressiert – fast wie zufällig – schwebte sie elegant an Steve und dem Fischköder vorbei. Als er ihr dabei den Fisch entgegenstreckte, wich sie ihm aus. Schließlich war sie eine Dame mit Charakter, und die nahm eben nicht gleich das erstbeste Geschenk an! Sie ließ sich nun einmal etwas länger bitten. Casey schien tatsächlich gewillt zu sein, allen Verlockungen beharrlich zu widerstehen.

Nach einigen weiteren Annäherungen war sie dann wohl doch von der Harmlosigkeit der Situation überzeugt und nahm schließlich das angebotene Geschenk an. Mit gleichmäßigen, kaum sichtbaren Bewegungen schwamm sie auf den Fisch zu und nahm ihn vorsichtig in ihr Maul. Es schien fast so, als würde sie aufpassen, wirklich nur den Fisch zu nehmen.

Auch bei den nächsten Fischen, die Steve Casey hinhielt, wiederholte sich dieses unglaubliche Schauspiel. Sie nahm ohne das geringste Anzeichen von Gier oder Fressrausch den Fisch jedes Mal vorsichtig aus Steves Hand.

Was für ein Bild! Einer der gefürchtetsten Haie lässt sich von seinem ärgsten Widersacher, dem Mensch, von Hand füttern und achtet penibel darauf, den Fischlieferanten nicht mit seinen messerscharfen Zähnen zu verletzten. Es kam mir so vor, als würde Steve mit seinem Hund spielen.

Als Steve dann keine Fische mehr hatte, näherte sich Casey erneut. Nachdem sie sich jedoch davon überzeugt hatte, dass es nichts mehr zu fressen gab, ließ sie sich ohne Mühe von Steve mit der Hand beiseiteschieben.

Anschließend revanchierte sie sich auf ihre Weise. Sie näherte sich auffallend langsam und ließ sich schließlich von Steve am Kopf streicheln. Als sie sich dann neben Steve befand, schien es für einen kurzen Moment, als würde sie anhalten und auf eine Reaktion warten – oder sie wollte noch mal nachsehen, ob es nicht doch noch ein kleines Leckerli für sie gab.

Als Steve dann nach ihrer Rückenflosse griff, drehte Casey mit ihm im Schlepptau eine ausgiebige Runde an uns vorbei. Der

Anhalter störte sie offensichtlich nicht im Geringsten. Nur ihre stattlichen Schiffshalter schienen von dem neuen Mitreisenden nicht begeistert zu sein und suchten für einen Moment das Weite oder verschwanden zum Schutz auf Caseys Bauchseite.

Schiffshalter saugen sich mit ihrer umfunktionierten Rückenflosse an größeren Fischen fest und lassen sich, sozusagen als blinde Passagiere, durch die Ozeane chauffieren. Sie ernähren sich von dem, was ihre unfreiwilligen Beschützer für sie übrig lassen und auch von Parasiten, die sich auf der Haut der Haie befinden.

Dieses Schauspiel wiederholte sich einige Male, bis Casey schließlich auf Andrea zuschwamm, und es schien, als würde sie für einen winzigen Augenblick auch direkt neben ihr verharren. Andrea ergriff die Gelegenheit und hielt sich ebenfalls an ihrer Rückenfinne fest. Und tatsächlich: Auch dieses Mal drehte Casey mit ihrer Anhalterin im Schlepptau eine kleine Runde zwischen den Tauchern. Und wie zuvor schien es sie absolut nicht zu stören. Was für eine einmalige Interaktion und welch ein Vertrauensbeweis von ihr!

Danach blieb Casey für einige Tage verschwunden. Als sie dann wieder auftauchte, verhielt sie sich ganz normal. Sie suchte auch nicht nach Fischen bei den Tauchern.

Ich betone an dieser Stelle noch einmal, dass wir die Tiere durch solche Interaktionen nicht vorführen wollten! Diese Aufnahmen sollten lediglich aufzeigen, was mit dem *richtigen* Hai zur richtigen Zeit möglich sein kann, wenn man die nötigen Sicherheitsvorkehrungen getroffen hat. Diese Begegnungen waren nur möglich, weil der jeweilige Hai es uns in diesem Moment gestattete! Solche Interaktionen sind natürlich nicht zur Nachahmung empfohlen!

Vor einigen Jahren haben Andrea und ich auf den Bahamas mit Tigerhaien getaucht. Dabei durften wir eine weitere ganz besondere Tigerhai-Dame kennenlernen. Ihr Name war Emma. Sie war damals etwa vier Meter groß und von wahrlich imposanter Statur!

Wenn sie auf der Bildfläche erschien, wurden alle anderen anwesenden Haie augenblicklich in den Hintergrund gedrängt. Alle Aufmerksamkeit galt ab sofort ausschließlich ihr!

Sie war so unglaublich anmutig, elegant und majestätisch und zweifellos eine Schönheit. Für mich war sie eine ganz besondere Persönlichkeit!

Ihre Bewegungen strahlten so viel Dominanz, Dynamik und Kraft, aber auch gleichzeitig so viel Ruhe und Gelassenheit aus, dass es einen unweigerlich in ihren Bann zog.

Emma, wohl die bekannteste Tigerhai-Dame der Bahamas, zeigte keinerlei Scheu vor Tauchern, auch keine Anzeichen von Aggression. Selbstsicher schwebte sie zwischen uns hindurch und schien regelrecht Kontakt zu suchen. Sie berührte die Kameragehäuse mit ihrer Schnauzenspitze, und offensichtlich schien es ihr nichts auszumachen, wenn man sie berührte. Dies kam einige Male vor – immer wenn sie zu nah für Fotos war.

Wegschieben ließ sie sich jedoch nicht! Als ich sie berührte, fühlte ich ihre raue, sandpapierartige Haut und spürte ihren kraftvollen Körper, der nur aus stählernen Muskeln zu bestehen schien.

Haie besitzen eine Haut, die aus winzigen, schuppenartigen Hautzähnchen bestehen, die sich tatsächlich wie Sandpapier anfühlt. Aufgrund der positiven Oberflächeneigenschaften, die den Wasserwiderstand reduzieren, hat die NASA ähnliche Strukturen für die Luft- und Raumfahrt entwickelt. Auch im Schwimmsport werden spezielle Schwimmanzüge verwendet, die auf der Struktur der Haihaut basieren. Transportflugzeuge der Lufthansa werden mit einer Folie ausgerüstet, deren Struktur der Hautoberfläche von Haien nachempfunden ist und die den Reibungswiderstand senkt. Dadurch sollen etwa

3.700 Tonnen Kerosin pro Jahr eingespart und der CO_2-Ausstoß um 11.700 Tonnen gesenkt werden.

Unglaublich! Sie blieb unverrückbar an ihrer Stelle. Der Einzige, der sich bewegte, war ich. Die Kraft, die ich anwendete, schob nicht sie, sondern mich durch den Sand, obwohl sie frei im Wasser stand, während ich scheinbar festen Halt im sandigen Meeresgrund hatte. Bei einem Tauchgang mit Emma konnte der Skipper den Köder so platzieren, dass die Geschmacksspur genau über eine pinkfarbene Gorgonie zog. Wir wollten, dass Emma dicht an ihr vorbeischwamm.

Doch Emma kümmerte sich nicht um das Drehbuch. Ehe ich mich versah, schwamm

sie in aller Ruhe mitten durch die Gorgonie hindurch, und es schien ihr nichts auszumachen, dass die Gorgonie ihren Kopf teilweise vollständig umhüllte.

Emma war natürlich nicht an jedem Tag anwesend. Aber auch die anderen Tigerhaie, die uns häufig umkurvten, waren nicht minder beeindruckend.

Selbstverständlich blieben Andrea und ich immer so lange wie möglich im Wasser. Die ganze Kulisse war so beeindruckend: Mehrere größere Haie umkreisten uns teilweise recht nah. Außerdem waren die Bedingungen einfach zu perfekt. Blauer Himmel, es herrschte kaum Seegang, keine Strömung, und das angenehm warme Wasser des Atlantiks war glasklar. Bei den Tauchgängen über dem flachen Sandgrund, der das Licht grandios reflektierte, kam ich mir fast wie in einem Fotostudio vor.

Möglicherweise waren es einige Tigerhaie irgendwann leid, immer nur für uns als Modelle vor den Kameras zu posieren. Vielleicht wollten sie auch einfach nur diesen komischen Metallkasten, in den wir die ganze Zeit hineinstarrten, genauer untersuchen.

Denn zumindest zwei Tigerhaie, von denen wir wissen, schienen fotografische Ambitionen zu hegen. In beiden Fällen hatten sie das Kameragehäuse eines Tauchers ins Maul genommen und waren damit schnurstracks im türkisblauen Wasser des Atlantiks verschwunden – sehr zum Ärger des jeweiligen Fotografen!

Egal, wie ruhig und langsam sich ein Tigerhai einem näherte, man konnte es nicht verhindern, wenn er das Kameragehäuse haben wollte. Wenn ein vier Meter langer Tigerhai deine Kamera haben möchte, dann gibst du sie ihm!

Eine Kamera war danach nicht mehr auffindbar, die andere wurde später wiedergefunden. Der Tigerhai hatte damit sogar ein Bild gemacht. Wohl das erste *Hai-Selfie* der Welt!

ZITRONENHAIE UND TIGERHAIE

Negaprion brevirostris und *Galeocerdo cuvier*

Auf Tuchfühlung

Auf den Bahamas waren Zitronenhaie fast immer die ersten Haie, die am Boot auftauchten, sobald die Köder im Wasser hingen. Neugierig umkreisten dann oft bis zu zwanzig hungrige Mäuler die Köderbox an der Oberfläche. Wer tauchen wollte, musste sich zwangsläufig eine Lücke zum Abtauchen und natürlich auch nachher zum Auftauchen zwischen ihnen suchen.

Solange keine Tigerhaie zugegen waren, galt unsere ungeteilte Aufmerksamkeit den Zitronenhaien. Wie anhängliche Schoßhündchen, die auf ein Leckerli warteten, umkreisten sie uns neugierig und ließen sich kaum abschütteln.

Das hätte für mich stundenlang so weitergehen können. Auch ohne Tigerhaie. Es machte wirklich großen Spaß, mit den Zitronenhaien zu tauchen.

Trotzdem sollte man Zitronenhaie auf keinen Fall unterschätzen. Auch sie gelten für Menschen als nicht ganz ungefährlich. Sie werden knapp dreieinhalb Meter groß, halten sich oft in flachen Gewässern auf und lassen sich leicht provozieren. Ihren Namen verdanken sie der gelblichen Rückenfärbung.

Aber irgendwann erschien der erste Tigerhai auf der Bildfläche, drehte eine kurze Runde und verschwand wieder. Es dauerte dann eine ganze Weile, bis zwei weitere getigerte Gesellen vorbeischauten. Auch sie inspizierten alles ganz genau und schienen sich durch die Taucher nicht im Geringsten stören zu lassen.

CRESSI

Mit aufmerksamen Blicken beobachteten sie jede Bewegung der Taucher – und wir die ihren – genauestens. Unsere ganze Aufmerksamkeit galt jetzt nur noch den Tigerhaien. Den bedauernswerten Zitronenhaien schenkten wir kaum noch Beachtung.

Nach einigen Runden kamen auch die Tigerhaie, sehr zur Freude der Taucher, bis auf Armlänge heran. Sie ließen sich auch von dem Blitzlichtgewitter nicht irritieren und posierten vor den Kameras wie erfahrene Modelle.

Möglicherweise schien dies einigen Zitronenhaien nicht zu gefallen. Sie schwammen immer wieder zwischen uns und die Tigerhaie und drängten sich regelrecht ins Bild. Doch so sehr sie sich auch zu bemühen schienen, auf Dauer konnten sie einfach nicht mit den Tigerhaien konkurrieren, die majestätisch, ohne sichtbare Bewegungen, erhaben über das Riff an uns vorbei- und über uns hinwegglitten. Die Zitronenhaie konnten einem fast leidtun!

Lemon Snaps

Bei unserer ersten einwöchigen Tour zu den Bahamas, um mit Tigerhaien zu tauchen, schien es, als würden uns die Köder für die letzten Tage ausgehen. Also beschlossen wir, Fische zu angeln.

Das gestaltete sich allerdings gar nicht so einfach, wie wir dachten. Nicht, dass wir keine Fische angeln konnten. Die Fische bissen gut an.

Aber oft waren die Zitronenhaie, die das Boot umlagerten, schneller und schnappten sich die zappelnden Fische vom Haken, bevor wir sie an Bord ziehen konnten.

Das brachte unseren Skipper auf eine Idee. Davon wollten wir Aufnahmen machen. Die Angler baten wir, die zuvor gefangenen, toten Fische, natürlich ohne Angelhaken, an einer Angelleine zu befestigen und vor den Kameras über unsere Köpfe hinweg ins Boot zu holen.

Wir hockten also hinten am Boot auf der Taucherplattform und streckten den Haien die Kameras entgegen. Da etwas Seegang herrschte, tauchte die Plattform gelegentlich bis zu einem halben Meter in das Wasser ein. Wenn das Boot durch die Wellen an der Ankerleine zerrte und ruckte, musste man aufpassen, nicht über Bord gespült zu werden.

Die Zitronenhaie kümmerten sich nicht im Geringsten um die Kameras, die wir ins Wasser hielten. Ohne Scheu schnappten sie gierig nach allem, was nach Fisch aussah. Manchmal drängten sie sich sogar zu uns auf die Plattform – dann wurde es dort natürlich für einen Moment recht eng!

Auf diese Weise konnten wir aus nächster Nähe Aufnahmen von Zitronenhaien machen, die nach Beute schnappten. Allerdings wurden dabei einige Domeports (die gewölbte Scheibe, die vor einem weitwinkligen Kameraobjektiv an das Unterwassergehäuse montiert wird), durch die spitzen Zähne, die ideal dafür geeignet sind, Beute festzuhalten, reichlich in Mitleidenschaft gezogen.

Später haben wir dasselbe auch mit Tigerhaien versucht. Auch dafür befestigten wir einen toten Fisch ohne Angelhaken an eine Angelleine und warfen ihn soweit wie möglich aus. Danach zogen wir ihn langsam zum Boot zurück. Es war erstaunlich zu beobachten, wie schnell die Tigerhaie beschleunigen konnten, um sich den Fisch zu schnappen. Tigerhaie sind in der Lage, selbstständig Wasser durch ihre Kiemen zu pumpen, und können somit deutlich langsamer schwimmen als die meisten anderen größeren Hai-Arten.

obwohl Tigerhaie oft träge wirken und meist recht langsam schwimmen, führen sie ihre Angriffe auf Beute mit erstaunlicher Geschwindigkeit und Wendigkeit durch.

Die Tigerhaie kamen dabei jedoch nicht so nah an unser Boot, dass wir von der Taucherplattform aus Unterwasseraufnahmen von ihnen hätten machen können wie bei den Zitronenhaien.

Die Aufnahmen von den Zitronenhaien stellten auf jeden Fall eine tolle Gelegenheit dar, Bilder von ihren beeindruckenden Zahnreihen zu machen. Außerdem konnten wir uns in dieser Situation mit eigenen Augen davon überzeugen, wie blitzschnell sie nach Beute schnappen können.

Als ich wieder zuhause war, musste ich meinen mit Bissspuren *verzierten* Domeport an den Kameragehäusehersteller zur Reparatur schicken. Ich hatte ihn vorab angerufen und geschildert, dass besagter Domeport von Haibissen stark beschädigt wurde. Der Hersteller versicherte mir, dass der Domeport besonders gehärtet sei und dass Haibisse ihn ganz sicher nicht irreparabel beschädigen könnten. Kurz darauf bekam ich einen Anruf des erstaunten Herstellers, der mich ungläubig fragte, was denn nun wirklich mit dem Domeport passiert sei, denn er war nicht mehr zu reparieren und musste mit dem kompletten Verschluss-Mechanismus ausgetauscht werden.

KARIBISCHE RIFFHAIE

Carcharhinus perezii

Das Gute bei Aufnahmen mit Haien ist, dass sie sich oft im Voraus recht genau planen lassen. Man kann die Haie ziemlich einfach durch die Positionierung des Köders und seiner Geschmacksspur manipulieren. Das haben wir uns auch für die Aufnahmen mit Karibischen Riffhaien einige Male zunutze gemacht.

Um ein wenig Farbe in die Bilder zu bringen, wollten wir den Köder so platzieren, dass die Geschmacksspur von der Strömung genau über eine Schwammkolonie geleitet wurde.

Dabei haben wir peinlich genau darauf geachtet, dass die Geschmacksspur des Köders an uns vorbeizog und wir uns trotzdem nah genug an den Schwämmen befanden. Wir wollten auf keinen Fall in die Geschmacksspur geraten und plötzlich selbst zum Objekt ihrer Begierde werden!

Bei der Positionierung des Köders lösten sich jedoch einige Köderstücke, die gierig von den Haien verschlungen wurden. Insgeheim hatte ich bei jedem Tauchgang mit den Karibischen Riffhaien darauf gehofft, Zeuge eines besonderen Verhaltens zu werden: Karibische Riffhaie können ihren Magen ausstülpen. Dabei erbrechen sie den Magen regelrecht aus ihrem Maul und drehen ihn quasi wie eine Socke um. Danach schlucken sie den Magen einfach wieder runter. Auch einige andere Hai-Arten wie Mako- und Blauhaie sowie Zitronenhaie können auf diese Weise ihren Mageninhalt leeren.

Sobald Andrea und ich die perfekte Position dicht an den Schwämmen, mit Sonnenlicht von hinten, eingenommen hatten, brauchten wir nur noch darauf zu warten, bis die Haie ihrem Instinkt und der verlockenden Duftspur folgten, um nach ihrem Ursprung zu suchen. Ich verhielt mich so ruhig wie möglich, um die Haie nicht zu vertreiben, und atmete langsam und flach.

Und tatsächlich! Nach einigen abgebrochenen Anläufen und nachdem sie die Lage ausgiebig inspiziert hatten, fühlten sich die Haie schließlich sicher genug – oder die Aussicht auf leichte Beute überbot ihre Scheu.

Die etwa zwei Meter langen, recht kräftigen Karibischen Riffhaie mit stumpfer, abgerundeter Schnauze schwebten genau wie von uns beabsichtigt dicht über das Riff, vorbei an den Schwämmen.

Immer wenn einer genau aus der richtigen Richtung elegant auf mich zu schwebte, hielt ich die Luft an, um ihn nur ja nicht durch das Ausatemgeräusch und die aufsteigenden Luftblasen im letzten Moment noch zu verscheuchen. Erst wenn die Bilder im Kasten und die Haie vorbeigeschwommen waren, atmete ich wieder aus. Meist beschleunigten sie dann kurz mit einigen kräftigen Schlägen ihrer Schwanzflossen auf eine erstaunliche Geschwindigkeit, um gleich darauf wieder umzukehren und einen neuen Anlauf zu wagen.

Und fast wie auf Kommando schienen dann auch noch eine Grüne Muräne und ein Zackenbarsch unbedingt mit auf das Bild zu wollen. Vielleicht wollten sie aber auch nur einmal nach dem Rechten schauen. Auf jeden Fall schwammen sie immer wieder ins Bild und posierten wie große Filmstars.

Die unglaubliche Schönheit des Riffs mit dem glasklaren blauen Wasser und die leuchtenden Farben der Schwämme bildeten eine spektakuläre Kulisse, um die eleganten Karibischen Riffhaie gebührend zu präsentieren. Es erscheint mir unvorstellbar, dass jemand diese wunderbaren Kreaturen nicht bewundern könnte!

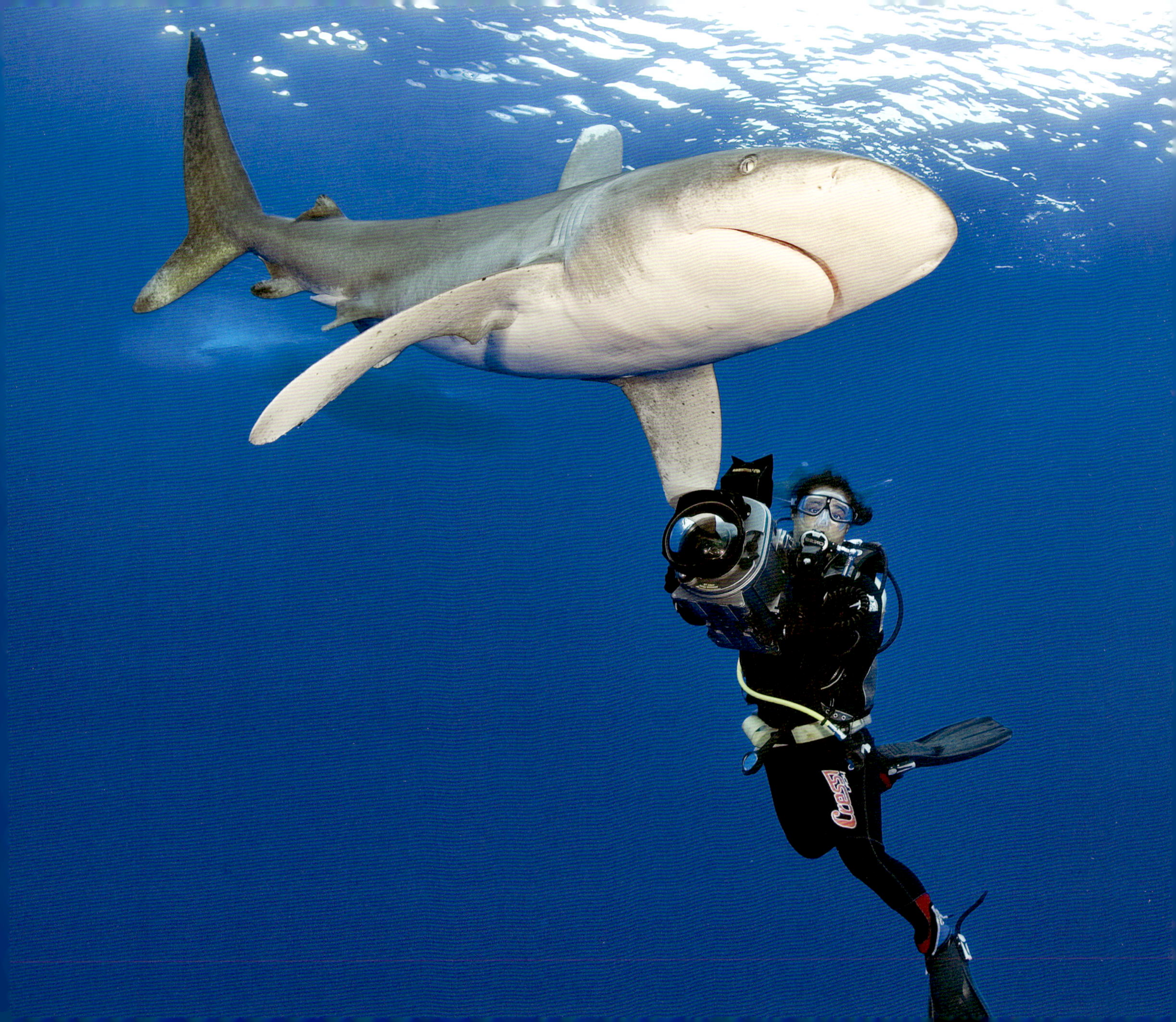
Cressi

WEISSSPITZEN-HOCHSEEHAIE

Carcharhinus longimanus

Zwischen April und Juni versammeln sich um Cat Island auf den Bahamas Gruppen von Weißspitzen-Hochseehaien. Meist handelt es sich dabei um geschlechtsreife Weibchen. Gelegentlich kann jedoch auch ein Männchen in der Gruppe gesichtet werden.

Weißspitzen-Hochseehaie können eine Länge von knapp vier Metern erreichen. Sie leben, wie der Name vermuten lässt, auf hoher See, bevorzugt über Tiefseebereichen mit Wassertiefen von mindestens 180 Metern. Dort, weitab vom Riff, finden sie natürlich nicht jeden Tag etwas zu fressen.

Diese Haie sind oft sehr hartnäckig, wenn sie eine mögliche Nahrungsquelle untersuchen. Genau wie andere Raubfische auf hoher See sind Weißspitzen-Hochseehaie opportunistische Räuber. Sie sind bei der Auswahl ihrer Beute nicht wählerisch und greifen alle größenmäßig passenden Beutetiere an.

Entsprechend neugierig und anhänglich reagieren sie auf alles, was ihnen im Wasser begegnet; besonders, wenn es sich um reichlich Köder mit einem verlockenden Duft handelt. Sie sind auch dafür bekannt, Tauchern sehr nah zu kommen. Perfekte Haie für uns!

Andrea und ich waren mit einem Liveaboard (man lebt für einige Zeit auf dem Schiff) auf den Bahamas weitab der Küste unterwegs, um mit Weißspitzen-Hochseehaien zu tauchen, konnten zunächst aber keine finden. Also kontaktierte unser Skipper über Funk Boote, deren Betreiber auf Hochseeangeln spezialisiert waren, und bat sie, uns zu informieren, sobald sie welche sahen.

Wir teilten ihnen bei der Gelegenheit auch mit, dass wir keine Angler-Konkurrenz darstellten, sondern nur mit den Haien tauchen wollten. Die Stimmen am anderen Ende der Leitung reagierten jedes Mal mit ungläubigem Unverständnis. Für sie waren die Haie nur lästige und gefräßige Schmarotzer, die ihnen die Fische vom Haken stahlen, bevor sie diese an Bord hieven konnten. Auf keinen Fall würden sie mit ihnen tauchen wollen!

Nach einiger Zeit kam dann tatsächlich ein Funkruf. Der Skipper meldete sechs Weißspitzen-Hochseehaie am Boot. Obwohl sie

allgemein als Einzelgänger gelten, können sie sich zur Jagd – und wenn das Nahrungsangebot entsprechend hoch ist – auch zu größeren Gruppen zusammenschließen.

Noch während unser Boot mit Höchstgeschwindigkeit zur genannten Position unterwegs war, zogen wir unsere Tauchausrüstung an und bereiteten die Kameras auf dem schwankenden Boot vor. Wir wollten keine Sekunde verpassen!

Sobald wir neben dem Boot angekommen waren und unser Kapitän das Zeichen zum Tauchen gegeben hatte, sprangen wir ins glasklare Wasser des Atlantiks. Was für eine Erleichterung! Durch die pralle Sonne, die vom Himmel lachte, wurde es in den Tauchanzügen langsam unerträglich heiß. Im Sprung sehe ich immer noch die großen Augen und das ungläubige Kopfschütteln der Hochseeangler auf dem anderen Boot.

Als wir im Wasser waren, verloren die Haie sofort das Interesse am Fischerboot und umkreisten uns neugierig. Erst jetzt erkannten wir, dass es sich nicht um sechs, sondern um sechzehn Weißspitzen-Hochseehaie handelte. Jetzt wurde es spannend!

Ein bis zwei Haie sind leicht im Auge zu behalten, bei sechzehn Haien wird das schon etwas komplizierter. Ganz besonders, wenn es sich um Weißspitzen-Hochseehaie handelt!

Die Haie hatten eine durchschnittliche Länge von etwa zwei Metern. Durch ihre charakteristische, sehr lange, abgerundete erste Rückenflosse und den sehr großen, tragflächenartigen Brustflossen mit weißen Spitzen kann man sie sehr leicht von anderen Hai-Arten unterscheiden.

Wie erwartet zeigten sie nur sehr wenig Scheu vor uns und umkreisten uns sofort in immer enger werdenden Bahnen. Sie waren sehr an uns, an den Kameragehäusen und ganz besonders an den Unterwasserblitzgeräten interessiert. Deren elektrische Impulse schienen auf sie geradezu wie ein Magnet zu wirken!

Auf die Berührungen mit den Kameragehäusen reagierten sie jedoch nicht wie die meisten Haie, in dem sie sofort abdrehten, sondern sie blieben an den Gehäusen, um sie einer genaueren Prüfung zu unterziehen.

Oft vollführten Andrea und ich dabei mit dem Hai an der Kamera eine Drehung um 360°, ohne dass er das Interesse daran verlor. Es kam mir fast so vor, als würden wir uns zu einer unhörbaren Musik im Kreis drehen und miteinander tanzen. Gelegentlich konnte ich dabei die charakteristischen, dreieckigen, großen Zähne mit stark gesägten Kanten erkennen.

In diesen Momenten mussten wir sehr genau darauf achten, was die anderen fünfzehn Haie machten. Einige Male wollten dann auch zwei Haie gleichzeitig die Kameragehäuse untersuchen, und es gab ein regelrechtes Gedränge um den besten Platz. Gelegentlich interessierte sich dann auch noch ein dritter Hai für unsere Flossen. Das war echt spannend! Und der Tanz war noch lange nicht beendet.

Peanut

Wegen der geringen Tauchtiefe konnten wir stundenlang mit den Haien unter Wasser verbringen. Wir gingen meist nur kurz zum Flaschen- und Akkuwechseln an Bord und verschlangen dabei manchmal hastig ein Sandwich im Stehen.

Am Nachmittag gesellte sich ein ganz besonderer Weißspitzen-Hochseehai zu uns. Es war ein weiblicher Hai, den wir Peanut nannten. Sie hatte eine Körperlänge von etwas mehr als 1,20 Metern. Peanut musste den Kinderschuhen gerade so entwachsen sein, denn Jungtiere bis zu einer Länge von 1,20 Metern besitzen noch keine charakteristischen weißen Flossenspitzen. Bei ihnen sind sie schwarz oder dunkel. Die Geschlechtsreife erreichen sie mit 1,75 bis zwei Metern. Ihre Proportionen stimmten noch nicht so ganz und gaben ihr ein recht niedliches Aussehen. Die Brustflossen waren im Verhältnis zu ihrer Körpergröße deutlich überdimensioniert, und es schien, als müsste ihr Körper erst noch hineinwachsen.

Peanut schien sich jedoch schon für einen ganz großen Hai zu halten und verhielt sich genau wie ihre ausgewachsenen Artgenossen.

Sie zeigte keinerlei Scheu vor uns und schwamm völlig selbstsicher zwischen uns und ihren Artgenossen herum. Natürlich untersuchte auch sie unsere Kameragehäuse äußerst penibel, genau wie ihre erwachsenen Vorbilder – sehr zu unserer Freude!

SANDTIGERHAIE

Carcharias taurus

Grimmige Gesellen

Es gibt Haie, die sehen wirklich grimmig aus, sind jedoch für Taucher ungefährlich. Zu ihnen gehören zum Beispiel auch die Sandtigerhaie. Sie haben einen recht kräftigen Körperbau, ziehen meist ganz ruhig ihre Bahnen und beobachten dabei ihre Umgebung sehr aufmerksam. Ihr Maul ist beim Schwimmen einen Spaltbreit geöffnet. Die langen, spitzen und recht Furcht einflößenden Zähne sind nach vorne gerichtet und werden dabei sichtbar.

Wie bei den meisten Hai-Arten beißen die Männchen die Weibchen bei der Balz und der Paarung. Dabei verlieren die Sandtigerhaimännchen gelegentlich Zähne. Mit etwas Glück kann man sie dann in den Paarungsgebieten im Sandgrund finden. Diese Zähne sind perfekt dafür geeignet, ihre Beute, kleine Fische, festzuhalten oder im Sand nach ihnen zu graben. Sie ernähren sich zum Beispiel von mittelgroßen Fischarten, kleineren Hai-Arten sowie Krebstieren und Tintenfischen.

Es gibt Stellen, an denen sich zu bestimmten Zeiten trächtige Weibchen versammeln. Eine dieser Stellen konnten wir mehrfach vor Sodwana Bay in Südafrika besuchen. Es handelt sich dabei um eine Felsformation in etwa zehn bis zwölf Meter Tiefe, umgeben von Sandgrund.

Während der Tragzeit nehmen die Weibchen kaum Nahrung zu sich. Auf den ungenutzten Zähnen bildet sich dann häufig Bewuchs. Bei den Jungtieren geht es dagegen weniger friedlich zu.

Schon im Mutterleib kommt es zu einem vorgeburtlichen Kannibalismus. Die stärkeren fressen die kleineren Geschwister auf. Nach einer Tragzeit von acht bis zwölf Monaten werden zwei etwa einen Meter große Jungtiere geboren. Nur ein Jungtier pro Uterus überlebt.

Als Andrea und ich vom Boot abtauchten, hatten wir einen tollen Überblick über die Ansammlung. Einige Male konnten wir weit über zwanzig Sandtigerhaie zählen. Sicherlich waren noch mehr anwesend, aber die konnten wir wegen der eingeschränkten Sichtweite nicht ausmachen.

Sie sind durch die charakteristischen gelben bis dunkelroten Flecken, die mit zunehmendem Alter blasser werden, und der schönen goldschimmernden Rückenfarbe perfekt an den sandigen Untergrund angepasst.

Obwohl wir wussten, dass diese Haie, die eine maximale Länge von etwas über drei Metern erreichen können, harmlos für Menschen sind, schien in dem grünlich schimmernden Wasser eine fast gespenstische Atmosphäre über der Felsformation zu liegen.

Die Haie glitten langsam ohne erkennbare Bewegung zwischen den Felsbrocken hindurch und schienen die Umgebung sehr genau zu beobachten. Auch als wir am Grund ankamen und zwischen ihnen tauchten, änderte sich ihr Verhalten nicht. Sie zogen scheinbar unbeirrt weiter ihre Bahnen.

Einige von ihnen standen fast regungslos im Wasser. Wie alle Haie haben auch Sandtigerhaie keine Schwimmblase. Stattdessen nutzen sie ihren Magen wie eine Art Schwimmblase. Sie schlucken an der Oberfläche Luft und können sich so perfekt austarieren, ohne auf den Grund zu sinken, wenn sie reglos im Wasser schweben.

Zwei Sandtigerhaie waren dabei so sehr damit beschäftigt, mich genau im Auge zu behalten, dass sie beinahe kollidierten. Aber vielleicht war nicht ich der Grund für ihre Unaufmerksamkeit, vielleicht haben sie auch einfach nur ein kleines Nickerchen gehalten.

Einige Male ließen mich die Haie bis auf Armlänge an sich herankommen. Immer wenn ein Sandtigerhai in meine Richtung schwamm, verhielt ich mich so ruhig wie möglich. Ich hielt den Atem an, die Kamera im Anschlag und wartete regungslos, ob der Hai seine Richtung beibehielt.

Ob sie mich bewusst so nah an sich herankommen ließen oder ob sie einfach nur vor sich hindösten, konnte ich nicht beurteilen. Jedenfalls gelangen mir einige Makroaufnahmen von ihren wirklich Furcht einflößenden, teilweise mit Bewuchs bedeckten Zahnreihen. Auch der Blitz brachte sie nicht aus der Ruhe. Sie wirkten, als wären sie in einer Art Trance.

Erst wenn ich nicht weiter die Luft anhalten konnte und ausatmete, beschleunigten sie kurz mit einer fast unmerklichen Bewegung ihrer Schwanzflosse. Manche drehten dann wieder um und kehrten zurück. Es kam mir so vor, als wollten sie mich noch einmal genauer inspizieren oder sich davon überzeugen, dass sie dieses plötzliche, unbekannte Geräusch nicht geträumt hatten. Andere beließen es bei der kurzen Beschleunigung und schwammen unbeeindruckt weiter ihres Weges. Das hätte für mich stundenlang so weiter gehen können!

SARDINE RUN

Das große Fressen

Ein Erlebnis der ganz besonderen Art stellt der »Sardine Run« vor der Ostküste Südafrikas dar. Einmal im Jahr versammeln sich dort Sardinen vor der Südspitze Südafrikas, bilden gewaltige Schwärme, die mehr als sieben Kilometer Länge erreichen können, und schwimmen vom Kap der Guten Hoffnung bis Durban.

Dieses schwimmende *Fast Food* lockt zahllose Räuber an: Tausende Haie, unzählige Delfine und Seevögel sowie Wale, Robben und Pinguine. Alle wollen ein Stück vom großen *Kuchen* erhaschen. Es gibt dann so viel Nahrung, dass die Gemeinen Delfine vor der Ostküste Südafrikas sogar ihren Reproduktionszyklus dem Zyklus ihrer Beutetiere angepasst haben. Die Jungtiere werden genau dann entwöhnt, wenn der Sardine Run mit seinem gewaltigen Nahrungsüberschuss hervorragende Überlebensbedingungen für den Nachwuchs schafft – mit geringen Fehlversuchsraten bei der ersten Jagd.

Eines Tages entdeckte unser Skipper, Francois Myburg, einen Schwarm Kaptölpel, dicht wie eine Regenwolke, weit draußen auf hoher See, der wild kreischend über einer bestimmten Stelle kreiste. Immer wieder stürzten sich die Vögel wie lebende Dartpfeile aus großer Höhe ins Wasser. Genau danach hatten wir wochenlang gesucht!

Wir wollten auf keinen Fall zu spät kommen! In wilder Fahrt rasten wir zu der besagten Stelle. Das Wasser spritzte über das Boot hinweg, und der Bootsrumpf prallte immer wieder mit voller Wucht auf der Wasseroberfläche auf. Jeder im Boot musste sich und seine Ausrüstung, so gut es ging, festhalten. Manchmal kam es mir dabei so vor, als würden nur noch die Schiffsschrauben unserer beiden Außenbordmotoren das Wasser berühren.

Wenn ich beim Sardine Run eines gelernt habe, dann, dass man schnellstens am Ort des Geschehens sein muss. Genau so plötzlich, wie die Action entsteht, kann sie unvermittelt auch wieder beendet sein. Wer da zu spät kommt, verpasst eines der spektakulärsten Ereignisse in unseren Ozeanen!

Die Pfiffe der Delfine hörten wir unter Wasser deutlich. Sehen konnten wir sie im recht trüben, grünlichen Wasser jedoch nicht. Ein kurzer Blick zu den Tölpeln, die sich wie lebende Torpedos vom Himmel stürzten, zeigte uns die Richtung, in die wir abtauchen mussten.

Unter Wasser orientierten wir uns an den Kaptölpeln, die mit einem lauten Knall ins Wasser eintauchten und in der Tiefe verschwanden. Dabei zogen sie einen Schwall aus Luftblasen hinter sich her, der eine gewisse Ähnlichkeit mit einem Raketenschweif hatte. Wir tauchten hinter den Tölpeln her in den dunklen Abgrund, ohne zu wissen, wie tief wir abtauchen mussten.

Dann kamen plötzlich die Delfine in etwa zwanzig Metern Tiefe in Sichtweite. Erst nur schemenhaft, dann immer deutlicher. Das Wasser war erfüllt von Pfiffen, Knarren und Echolokalisationsklicks. In wildem Tempo umkreisten sie einen Sardinenschwarm. Was für ein Spektakel!

Hunderte Tölpel tauchten mit Schlägen ihrer Flügel mitten in das Gewusel aus panischen Sardinen und ihren Jägern. Auch sie wollten ein Stück vom *Kuchen* abhaben. Mit unseren Aufnahmen konnten wir nachweisen, dass Kaptölpel bis in Tiefen von zwanzig Metern abtauchen können. Bis dahin gingen Wissenschaftler davon aus, dass sie nur bis etwa zehn Meter Tiefe tauchen.

Üblicherweise jagen die Delfine die Sardinen, indem sie sie zu einem sogenannten Beuteball zusammentreiben und zur Wasseroberfläche drängen. Durch ständiges Umkreisen halten sie den Schwarm zusammen. Wenn der Schwarm dicht genug zusammengedrängt ist, stößt normalerweise ein Delfin nach dem anderen in den Schwarm, um sich seinen Anteil von diesem All-You-Can-Eat-Buffet zu holen.

Diesmal umkreisten die Delfine jedoch lediglich den Beuteball mit ungeheurer Geschwindigkeit. Sie begnügten sich diesmal mit den Fischen am Rand. Die Delfine wussten genau, warum sie sich jetzt nicht in das Getümmel aus panischen Fischleibern stürzten!

Etwa zwanzig bis dreißig Haie pflügten mit weit aufgerissenen Mäulern durch den Beuteball und schnappten nach allem, was nicht schnell genug entkommen konnte. Un-

glaublich! Wir hatten vier Jahre lang vergeblich auf so einen Mega-Beuteball mit vielen Haien gewartet, und dann war er auf einmal da!

Erst als wir nah genug am Beuteball waren, erkannten wir in diesem Durcheinander, dass hier keine Sardinen zusammengetrieben wurden, sondern ein riesiger Schwarm Makrelen. Auch sie jagen eigentlich die Sardinen, aber in diesem Fall waren aus Jägern Gejagte geworden. Sie befanden sich nun in der Falle, und es gab kein Entrinnen für sie!

Diesmal verhielten sich die Haie jedoch nicht entspannt und ruhig, wie wir es bei den angeköderten Haien erlebt hatten. Ganz im Gegenteil: Sie waren jetzt hektisch und unruhig. Sie befanden sich offensichtlich in einer Art Fress-Modus und versuchten, so viel Fische zu erbeuten wie irgend möglich. Und wir waren mittendrin!

Es kam mir fast so vor, als ob die Delfine mit ihren Pfiffen, Jagdschreien und Knarren eine Art Hintergrundmusik zum Bankett der Haie beisteuern würden. Das grünliche, trübe Wasser verstärkte die unwirkliche, fast gespenstische Szenerie.

Natürlich versuchten wir wegen der schlechten Sicht, so nah wie möglich an den Beuteball heranzutauchen. Dabei mussten wir höllisch aufpassen, nicht aus Versehen in den Schwarm aus Makrelen hineinzugeraten und von den Haien mit einer – wenn auch etwas überdimensionierten – Makrele verwechselt zu werden. Kein leichtes Unterfangen! Die Form und Position des Makrelenschwarms änderten sich im verzweifelten Überlebenskampf ständig in alle Richtungen. Bei diesem Beuteball waren die Ausweichversuche der Makrelen nicht ganz so hektisch wie bei anderen Beutebällen mit Sardinen.

Da ich Andreas Videoaufnahmen mit meinem Blitzlicht nicht stören wollte, positionierte ich mich etwas abseits von ihr. Ich weiß nicht, wie lange wir so in unmittelbarer Nähe zum Beuteball gefilmt und fotografiert haben. Ich hatte mal wieder jegliches Gefühl für Zeit und Raum vergessen und war voll und ganz auf das Gewusel vor mir konzentriert.

Auf einmal bekam ich einen heftigen Kick in den Rücken und machte einen Satz nach vorne. Als ich mich umblickte, sah ich gerade noch aus den Augenwinkeln, wie ein stattlicher Hai mit kräftigen Schwanzschlägen hektisch davonschwamm. Als mein Blick dann zu Andrea wanderte, sah ich, wie sich ein Hai mit ihrer Kamera beschäftigte, ein weiterer sich sehr für ihre Flossen interessierte und ein dritter sie eng umkreiste. Das war genug! Schließlich wollte ich Andrea heil und in einem Stück wieder mit nach Hause nehmen!

Ich tauchte sofort zu ihr hinüber und positionierte mich hinter sie. Jetzt konnte sie sich voll und ganz auf das Geschehen vor ihrer Kamera konzentrieren, während ich alle anderen Haie, die sich ihr von den Seiten, von oben oder von unten und von hinten näherten, mit Händen, Füßen und der Kamera abwehrte.

Dabei bemerkte ich einen ganz speziellen Hai: Er hatte keine Rückenflosse mehr. Das schien ihn jedoch nicht im Geringsten zu beeinträchtigen. Er schwamm wie alle anderen Haie mit weit aufgerissenem Maul durch den Makrelenschwarm und schnappte nach allem, was sich bewegte. Mehrere Male kam er direkt auf Andrea zugeschwommen und stieß dabei das Kameragehäuse mit seiner Schnauzenspitze recht heftig an.

Die Haie kamen manchmal mit solch ungeheurer Wucht angeschwommen, dass dabei sogar die Befestigungsschraube an dem Metallgehäuse des Blitzes abbrach. Zum Glück hing er noch an dem Blitzkabel, das ihn mit dem Kameragehäuse verband, sonst wäre er für immer in der dunklen Tiefe verschwunden.

Nach einiger Zeit hatten die Jäger den ganzen Makrelenschwarm aufgefressen. Haie, Delfine und Tölpel waren plötzlich, wie auf ein geheimes Zeichen hin, spurlos von der Bildfläche verschwunden.

Wo eben noch ein großes Tohuwabohu geherrscht hatte, war mit einem Mal eine befremdliche Stille eingekehrt. Lediglich ein paar glitzernde Fischschuppen, die langsam, aber unaufhaltsam in die Tiefe trudelten, zeugten noch von dem großen Durcheinander und hektischen Fressgelage der letzten Minuten.

Ein kurzer Blick auf das Finimeter und den Tauchcomputer zeigte an: Es war auch für uns allerhöchste Zeit, aufzutauchen. Die Luft würde noch gerade so ausreichen, um den notwendigen Dekompressions-Stopp einzuhalten. Was für ein Tag!

Geschüttelt, nicht gerührt

Beim Sardine Run ist leider nicht immer und überall etwas los. Die Wildnis ist schließlich kein Zoo. Ich kann mich gut an ein Jahr erinnern, in dem bis auf einen Mega-Beuteball gleich zu Beginn der Saison keine weiteren Sardinen und damit auch keine weiteren Beutebälle oder andere Fressgelage im Wasser gesichtet wurden.

Die einzige Sardine, die wir in diesem Jahr zu Gesicht bekamen, war eine tiefgefrorene Sardine aus dem letzten Jahr. Sie wurde kunstvoll auf dem Geburtstagskuchen eines Skippers drapiert.

Egal, was wir anstellten, egal, wie früh wir unterwegs waren, und egal, wie weit wir fuhren, wir fanden einfach keine Sardinen. Es

war wie verhext! Selbst die Piloten des Ultraleichtflugzeugs und des Privatflugzeugs, die für uns Erkundungstouren flogen, konnten weit und breit keine Spur von den Sardinenschwärmen ausmachen.

Die Wassertemperatur an der Oberfläche war in diesem Jahr – zumindest in der Region, in der wir uns befanden – viel zu warm, sodass die riesigen Sardinenschwärme in größeren Tiefen unter uns durch tauchten.

Selbst Abertausende Seevögel und die riesigen Delfinschulen schienen vergeblich nach den Sardinen zu suchen. Hinzu kam, dass die Sichtweiten unter Wasser oft weniger als zwei Meter betrugen. Es war schier zum Verzweifeln! Unsere Geduld wurde erneut auf eine harte Probe gestellt.

Wir fuhren natürlich trotzdem jeden Tag kurz vor Sonnenaufgang mit unserem Schlauchboot durch die tosende Brandung hinaus auf das Meer. Man wusste ja nie, vielleicht tauchten die Sardinen ja doch plötzlich auf, und dann wollten wir unbedingt am Ort des Geschehens sein.

Allein der Anblick der über dem Meer aufsteigenden Sonne, die den Himmel in den fantastischsten Farben erstrahlen ließ, entschädigte für das frühe Aufstehen, das Über-

ziehen des vom Vortag meist noch nassen und kalten Tauchanzugs vor dem Frühstück, das Schleppen der Ausrüstung zum Boot und die erste kalte Meerwasserdusche bei der Ausfahrt durch die Brandungswellen.

Ab und zu roch das Wasser nach Fischöl, und wir entdeckten einen öligen Film auf der Wasseroberfläche. Die Sardinen waren also da, nur zu tief für uns und die Seevögel und vielleicht auch für die Delfine.

An einem der vielen ereignislosen Tage auf See hatte jemand auf dem Boot die Idee, es doch einfach einmal zu versuchen. Möglicherweise war die Sichtweite in zehn bis zwanzig Metern Tiefe besser und vielleicht konnte man ja dort die Sardinen per Zufall finden. Andrea war als Erste im Wasser. Noch bevor sie abtauchen konnte oder die Kamera angeschaltet und aufnahmebereit war, schossen plötzlich zwei Kupferhaie rechts und links direkt neben Andreas Kopf aus dem Wasser. Ein dritter Kupferhai war frontal gegen das Kameragehäuse geschwommen. Er zappelte wild hin und her und wühlte die Wasseroberfläche um Andrea herum mächtig auf. Andrea, *drei Mal geschüttelt, nicht gerührt*!

Entsetzen und große Angst machten sich bei allen im Boot breit. Der Skipper schrie

voller Panik: »Sie haben sie erwischt! Sie haben sie erwischt!« Schnell beschleunigte er das Boot, das durch den Wind inzwischen einige Meter abgetrieben war, und fuhr sofort zu der Stelle, die sich inzwischen wieder etwas beruhigt hatte. Das O.K.-Zeichen von Andrea und ihr lautes Lachen zeigten an, dass mit ihr alles in Ordnung war!

Wir ergriffen sofort Andreas Tarier-Jacket und zogen sie mit vereinten Kräften mitsamt der kompletten Tauchausrüstung in einem Ruck aus dem Wasser zurück ins Boot. Die Haie könnten ja doch noch einmal vorbeischauen! Triefnass stand sie jetzt in voller Tauchmontur an Deck, immer noch mit dem Kameragehäuse in ihren Händen und strahlte noch mehr als sonst. Sie war Gott sei Dank unverletzt!

Nachdem sich die Aufregung etwas gelegt hatte, kam es zu einem weiteren Ereignis, das ich bis dahin noch nie erlebt hatte. Wie aus dem Nichts tauchte ein weiterer Kupferhai direkt hinter dem Boot auf und biss, ohne zu zögern, in eine der stillstehenden Schiffsschrauben unserer Außenbordmotoren und wirbelte wild mit der Schwanzflosse hin und her, sodass das Wasser hinter dem Boot heftig aufspritzte.

Die Schiffsschraube glänzte genauso silbrig wie Andreas Kameragehäuse. Vielleicht hatten die Haie beide in dem sehr trüben Wasser mit – wenn auch etwas zu groß geratenen – Sardinen verwechselt.

Studien lassen vermuten, dass Haie farbenblind sind. Die Augen der untersuchten Hai-Arten verfügten über keinen oder nur einen einzigen Zapfenzellentyp auf der Netzhaut, der es ihnen ermöglicht, langwelliges Licht wahrzunehmen. Stabzellen, die für Hell-Dunkel-Kontraste wichtig sind, waren dagegen die häufigsten Photorezeptoren in den Augen dieser Haie. Die Wahrnehmung visueller Kontraste spielt eine wichtige Rolle, um Beute zu finden.

Auf jeden Fall ist es offensichtlich keine gute Idee, bei extrem schlechten Sichtverhältnissen – und wenn vermutlich Haie in der Nähe sind – zu schnorcheln oder zu tauchen!

Rush-Hour

Gleiches Jahr, wir saßen wieder weitab der Küste im Schlauchboot und unterbrachen unsere vergebliche Suche nach den Sardinen, indem wir uns über die Lunchpakete hermachten. Da offensichtlich weit und breit nichts los zu sein schien, hatten wir zuvor unsere Tauchanzüge ausgezogen, um die angenehm wärmenden Sonnenstrahlen der Mittagssonne ein wenig zu genießen. Auf einmal bemerkte unser Skipper Rob Bester Haie, die unter unserem Boot durchzogen.

So weit wir sehen konnten, schwammen Haie. Alle in die gleiche Richtung. Ich dachte, es handelte sich sicher nur um einen kleinen Schwarm und wir wären bestimmt nicht rechtzeitig im Wasser.

Aber als wir mit dem Sandwich nach einigen Minuten fertig waren, konnten wir noch immer zahllose Haie unter dem Boot erkennen, so weit das Auge reichte, beziehungsweise die Sichtweite es zuließ. Es kam mir vor wie bei einer Rushhour. Vielleicht sollten wir uns doch schnell fertig machen und einfach mal nachsehen!

Als Andrea und ich dann bereit waren, ins Wasser zu gehen, befanden sich die Haie tatsächlich immer noch unter dem Boot. Also rollten wir uns rückwärts ins Wasser und tauchten auf etwa zehn Meter Tiefe ab.

Jetzt änderten die Kupferhaie schlagartig ihr Verhalten. Nun begannen sie, uns einzukreisen. Zunächst blieben sie noch etwas auf Distanz und hielten sich gerade so an der Sichtgrenze auf.

Kupfer- oder Bronzehaie können eine Länge von knapp drei Metern erreichen und haben einen schlanken Körper. Die Färbung auf dem Rücken variiert von Bronze bis Olivegrau, der Bauch ist weißlich. Die Flossenränder können eine dunklere Färbung aufweisen, die Spitzen sind dunkel.

Die Szenerie musste für einen außenstehenden Betrachter reichlich merkwürdig aussehen: Wir befanden uns in der Mitte eines leeren Kreises, an dessen Rand es ein dichtes Gedränge zu geben schien.

Doch allmählich wurden die Kreise um uns immer enger. Wir waren jetzt umzingelt von Haien. Im Nachhinein kann ich nicht mehr sagen, wie viele Haie uns umkreisten.

Leider gab es so viele Schwebeteilchen im Wasser, dass fast alle Bilder durch das Blitzlicht unbrauchbar waren. Als die Haie immer näher kamen, positionierten wir uns Rücken an Rücken, um möglichst viele Haie im Blick zu haben. Auf einmal hörten wir ein uns bekanntes Klicken, Knarren und Pfeifen.

Wie von Geisterhand dirigiert gingen die Haie plötzlich auf Distanz. Eine größere Schule von Gemeinen Delfinen kam in Sichtweite. Die Delfine stoppten kurz, um uns zu erkunden. Sie wunderten sich sicher, was diese komischen Wesen hier mitten im Indischen Ozean zu suchen hatten.

Die Delfine waren wohl – wie alle hier – auf der Suche nach Sardinen. Nach einigen Umrundungen schwammen sie in vollem Tempo weiter ihres Weges. Sie hatten offensichtlich genug gesehen oder Wichtigeres vor!

Jetzt kamen die Haie, die gerade noch verschwunden schienen, wieder ins Bild und machten genau da weiter, wo sie vorher unterbrochen worden waren. Allerdings hielten sie sich diesmal nicht lange mit dem Distanzhalten auf, sondern umkreisten uns wieder recht aufdringlich in wenigen Metern Abstand.

Andrea und ich zogen es in Anbetracht der unkontrollierbaren Situation und der unübersichtlichen Menge an neugierigen Haien vor, langsam zum Boot aufzutauchen. Rücken an Rücken erreichten wir schließlich das Boot.

Einige Tage später kreuzten wir mit dem Boot etwa zehn Kilometer vor der Küste und suchten wie immer nach Kaptölpeln, die auf einen Beuteball hinweisen könnten. Gegen Mittag frischte der Wind zwar etwas auf, und leichter Regen setzte ein, aber da wir einige Delfine in der Nähe des Bootes gesichtet hatten, beschlossen Stan Kielbaska und ich, unser Glück noch einmal zu versuchen, bevor wir zu unserem Camp zurückfahren wollten.

Wir tauchten auf etwa 15 Meter Tiefe ab und ließen uns mit der Strömung treiben. Da wir jedoch im Freiwasser unterwegs waren, bemerkten wir nicht, wie stark die Strömung tatsächlich war. Schließlich trieben die Schwebeteilchen um uns herum in der gleichen Geschwindigkeit wie wir, und die Luftblasen stiegen über uns senkrecht zur Oberfläche.

Von den Delfinen war unter Wasser, so weit es die Sichtweite von etwa acht Metern zuließ, nichts zu sehen. Als wir gerade wieder auftauchen wollten, erschienen einige Haie an der Sichtgrenze, und wir beschlossen, den Tauchgang noch ein wenig fortzusetzen. Vielleicht würden sie ja doch noch näher kommen, wenn wir ihnen etwas mehr Zeit gaben, sich an uns zu gewöhnen. Aber sie schienen kein Interesse an uns zu haben oder hatten andere Pläne. Nach einiger Zeit vergeblichen Wartens tauchten wir dann schließlich wieder auf.

Als wir an der Oberfläche ankamen, erlebten wir gleich zwei Überraschungen: Der Wind und mit ihm die Wellen hatten erheblich zugenommen, und vom Boot sowie vom Land war weit und breit nichts zu sehen. Wir trieben zwischen etwa drei Meter hohen Wellen, weit ab vom Ufer, im offenen Ozean.

Kurz nachdem wir abgetaucht waren, wurde der Wind immer stärker, bis schließlich sogar die Wellenkämme brachen. Dadurch konnte der Skipper unsere Luftblasen an der Oberfläche nicht mehr erkennen und ihnen folgen. Zudem trieb der unerwartet schnell aufkommende Wind das Boot entgegen der Strömung, in der wir trieben, immer weiter von uns weg. Von alldem hatten wir während unseres Tauchgangs natürlich nichts mitbekommen.

Beim Aufblasen unserer Signalbojen bemerkte ich zu allem Übel, dass meine einen Riss hatte und somit nutzlos war. Die Chance, dass Stans Boje zwischen den etwa drei Meter hohen Wellen vom Boot aus gesichtet werden konnte, war gering. Zum Glück hatte ich einen Signalgeber, den man am Inflatorschlauch anschließt. Durch die Druckluft aus der Tauchflasche war der mächtig laut!

Zu unserem Glück war unser Skipper Rob einer der besten seines Fachs. Er, Francois und Andrea starteten die Suche gegen den Wind, sodass sie meinen Signalgeber – lange bevor sie die Signalboje ausmachen konnten – hörten. Andrea und der Bootscrew fielen ganze Felsbrocken vor Erleichterung vom Herzen, als sie uns nach einer endlos scheinenden Zeit zwischen den Wellenkämmen endlich sichteten – genau wie Stan und mir!

WALHAIE

Rhincodon typus

Von den etwa 500 bekannten Hai-Arten (und noch immer werden neue Arten entdeckt), die die Ozeane bevölkern, sind nur etwa ein Dutzend für Menschen potenziell gefährlich. Die meisten aller bekannten Hai-Arten erreichen nicht einmal eine Länge von einem Meter. Der Walhai erreicht dagegen eine Länge von vierzehn bis zwanzig Metern, das größte vermessene Exemplar hatte ein Gewicht von 34 Tonnen.

Von diesen völlig harmlosen, Plankton fressenden Haien geht eine ganz besondere Faszination aus, und eine Begegnung mit dem größten heute lebenden Fisch stellt für jeden Taucher ein ganz besonderes *Hai-Light* dar.

Dabei interessieren sich Walhaie meist nicht für Taucher und schwimmen ohne das geringste Anzeichen von Neugier schnurgerade ihres Weges, so als würden sie ein bestimmtes Ziel ansteuern. Allenthalben weichen sie geringfügig aus, gerade genug, um eine mögliche Kollision zu vermeiden.

Doch wenn ich in all den Jahren Eines gelernt habe, dann, dass die Natur und das Verhalten der Tiere immer für eine Überraschung gut sind. Denn erstens kommt es anders und zweitens, als man denkt, besonders, wenn man wilden Tieren in freier Natur begegnet.

Um die Walhaie zu finden, hatten Andrea und ich einen Piloten mit seinem Ultraleichtflugzeug gechartert. Er sollte vormittags aus der Luft nach ihnen Ausschau halten und uns dann per Funk zu der Stelle dirigieren.

Schon nach kurzer Zeit kam ein Funkspruch unseres Piloten. Er habe etwas gesichtet, das für einen Walhai zu klein, aber für andere Haie, die in dieser Gegend üblicherweise vorkommen, zu groß sei. Er vermutete deshalb einen Baby-Walhai.

Sofort fuhren wir mit unserem Schlauchboot mit voller Geschwindigkeit zur angegebenen Stelle und stoppten den Motor in gebührendem Abstand. Wir wollten ihn ja schließlich nicht verscheuchen!

Schnell entdeckten wir eine recht stattliche Rückenflosse, die mit ruhigen, gleichmäßigen Bewegungen die Wasseroberfläche durchschnitt und in unsere Richtung unter-

wegs war. Für einen ausgewachsenen Walhai war sie tatsächlich viel zu klein.

Ich schnappte mir Tauchermaske, Schnorchel, Flossen und Kamera und glitt so lautlos wie möglich in das klare Wasser des Indischen Ozeans. Nachdem ich einige Meter geschwommen war, entdeckte ich unseren Baby-Walhai.

Es handelte sich um einen Tigerhai mit einer Länge von etwa fünf Metern. Mit ruhigen, gleichmäßigen Bewegungen seiner Schwanzflosse schwamm er in etwa zehn Metern Entfernung unbeeindruckt an mir vorbei, weiter seines Weges. Was für eine Überraschung! Ich hatte einen kleinen Walhai erwartet, und dann schwamm tatsächlich ein stattlicher Tigerhai seelenruhig an mir vorbei. Ich war allein mit einem der größten Tigerhaie, die ich bis dahin gesehen hatte, im Wasser! Ich spürte, wie mein Pulsschlag etwas schneller wurde und wie das Adrenalin langsam in meinem Körper aufstieg.

Er schien jedoch keinerlei Notiz von mir zu nehmen. Warum sollte er sich auch für mich interessieren? Schließlich hatte ich keine Köder oder sonst etwas *lecker* Duftendes bei mir. Leider war er für brauchbare Fotos viel zu weit entfernt.

Nachdem ich wieder im Boot war, machten wir erst mal Brotzeit, während wir auf einen weiteren Funkspruch unseres Piloten warteten. Andrea hatte es sich auf dem Gummiwulst des Schlauchbootes so bequem wie möglich gemacht und genoss ganz entspannt die wärmenden Sonnenstrahlen. Das Leben konnte so schön sein!

Nach einiger Zeit, jeder im Boot schien tief in seine Gedanken versunken oder gar eingenickt zu sein, sprang plötzlich unser Skipper Rob hoch und zeigte mit ausgestrecktem Arm aufgeregt auf eine Stelle, nicht weit vom Boot entfernt. Eine große Rückenflosse kam

direkt auf unser Boot zugeschwommen. Als der Hai näher kam, erkannten wir den Grund für Robs leisen Aufschrei. Ein kleiner Walhai von höchstens fünf bis sechs Metern Länge, kaum größer als unser Schlauchboot, wahrscheinlich ein Jungtier, schwamm in aller Seelenruhe neben das Boot, stoppte und inspizierte es aus nächster Nähe. Schließlich umrundete er es mit langsamen, gleichmäßigen Bewegungen seiner Schwanzflosse.

Es schien, als suchte er regelrecht den Kontakt zum Boot. Als Rob die Hand nach ihm ausstreckte, näherte er sich weiter, ohne das geringste Anzeichen, seine Richtung zu ändern, und berührte schließlich seine Hand!

Robs zehnjähriger Sohn Luke war an diesem Tag mit uns im Boot unterwegs. Als Rob ihn aufforderte, den Walhai ebenfalls zu berühren, fragte er seinen Vater: »Dad, ist der Hai größer als das Boot?« Rob bejahte die Frage, worauf Luke seinen etwas über zwei Meter großen Vater fragte: »Ist der Hai größer als du, Dad?« Als Rob auch diese Frage bejahte, antwortete Luke mit großer Bestimmtheit: »Dann werde ich ihn auf gar keinen Fall berühren!«

Sandwich und Pause waren natürlich lägst vergessen. Eine weitere Einladung brauchten wir nicht. In Windeseile sprangen Andrea und ich wieder in unsere Tauchanzüge. Wir schnappten unsere Tauchermasken, Schnorchel und ich die Kamera und rutschten – voller Anspannung und so leise wie möglich – über den Gummiwulst unseres Schlauchboots ins Wasser. Jetzt bloß keinen Fehler machen!

Sobald wir im Wasser waren, schwebte Little One, so nannten wir ihn später, schnurstracks auf Andrea zu, die näher an ihm positioniert war. Beide schwammen jetzt eine Weile langsam nebeneinander her. Nach ein paar Metern drehte der Walhai um und kam mit Andrea, die sich nun knapp über seinem Kopf befand, direkt auf mich zu. Langsam wurden beide im Sucher meiner Kamera, die natürlich auf Hochtouren lief, immer größer.

Andrea achtete dabei peinlichst genau darauf, den Walhai auf keinen Fall zu berühren. Schließlich wollte sie ihn nicht erschrecken und vertreiben!

Beide schwammen wie in Zeitlupe an mir vorbei, drehten nach einigen Metern um und kamen wieder zurück. Es schien, als wollte er mich noch einmal genauer unter die Lupe nehmen. Die Nähe seiner Begleiterin über ihm schien ihn nicht zu stören.

Nach einiger Zeit hatte er dann anscheinend doch genug gesehen. Mit einer kaum sichtbaren Bewegung seiner Schwanzflosse nahm er ein wenig Geschwindigkeit auf und verschwand langsam in den Weiten des Indischen Ozeans.

Obwohl er nur unwesentlich beschleunigte und kaum eine Bewegung seiner stattlichen Schwanzflosse zu erkennen war, konnten wir ihm auch trotz größter Anstrengungen nicht mehr folgen.

Nachdem wir wieder im Boot saßen und sich unsere Begeisterung über diese einmalige Begegnung etwas gelegt hatte, riss uns die krächzende Stimme des Piloten aus dem Funkgerät zurück in die Realität.

Er hatte einen weiteren Walhai gesichtet, der fast genau in unsere Richtung unterwegs war. Rob fuhr langsam einige hundert Meter in die angegebene Richtung und schaltete den Motor aus. Die Zeit reichte gerade so, schnell die Speicherkarte zu wechseln.

In etwa hundert Meter Entfernung sahen wir dann eine stattliche Rückenflosse, die gemächlich das Wasser durchschnitt. Der Hai schwamm jetzt genau auf das Boot zu. Schnell glitten Andrea und ich wieder ins Wasser und schnorchelten einige Meter vom Boot weg.

Gebannt starrten wir in die Richtung, aus der der Hai kommen musste. Vergeblich versuchten wir, das Wasser des Indischen Ozeans mit unseren Blicken zu durchdringen.

Das Einzige, das ich sah, waren die Sonnenstrahlen, die unentwegt hin und her tanzten. So sehr ich mich auch bemühte, ich konnte nicht die geringste Spur von *unserem* Walhai ausmachen.

Erst nach einiger Zeit erkannte ich dann doch die typische stromlinienförmige Silhouette, die direkt auf mich zugeschwommen kam. Ein stattlicher Walhai von gut zehn Metern Länge kam langsam immer näher. Was für ein majestätischer Anblick!

Schließlich konnte ich das charakteristische Punktemuster, bestehend aus hellen Streifen und Flecken auf dunklem Grund, die in Querlinien angeordnet sind, auf seinem Rücken erkennen. Seine Rückenfarbe ist perfekt an das tiefe Blau des Wassers angepasst, und durch das Punktemuster verschmilzt der Körper geradezu mit seiner Umgebung.

Irgendwie weckt es bei mir immer wieder die Assoziation, als hätte jemand beim Anstreichen wild mit der Farbe gekleckert. Diese Farbkleckse können einen Durchmesser von bis zu fünf Zentimetern erreichen und dienen auch der Identifikation einzelner Individuen.

Allein durch ihre Größe und ihre extrem dicke Haut haben lebende Walhaie eigentlich

nur sehr wenig von natürlichen Feinden zu befürchten, außer vom Menschen. Tote Walhaie werden jedoch von Haien und anderen Aasverwertern gefressen.

Als er nur noch wenige Meter von mir entfernt war, korrigierte er seinen Kurs geringfügig, um dann, ohne die geringste erkennbare Bewegung seiner mächtigen Schwanzflosse, knapp an mir vorbeizuschweben. Sein etwa golfballgroßes Auge war jetzt nur eine Armlänge von mir entfernt.

Zum Schutz klappte er nun den Augapfel in seine Höhle zurück, und eine Hautfalte bedeckte das Auge wie ein Augenlid. Hinter dem Auge konnte ich das Spritzloch, auch Spirakel genannt, erkennen. Daran ist die gemeinsame Herkunft einiger Hai- und Rochen-Arten erkennbar. Bei Walhaien hat es keine Funktion mehr, es wird normalerweise von bodenlebenden Arten zum Atmen genutzt.

Seine riesige Rückenflosse glitt wie in Zeitlupe an mir vorbei, gefolgt von der noch größeren Schwanzflosse. Ich konnte ihr gerade noch ausweichen. Trotz der langsamen, gleichmäßigen Bewegung der Flosse spürte ich den Sog, den sie erzeugte, am ganzen Körper. Ich schaute ihm nach, während seine Silhouette langsam mit dem diffusen Wasser verschmolz und er mit gleichmäßigen Bewegungen seiner Schwanzflosse aus unserem Blickfeld verschwand.

Es ist wirklich erstaunlich, wie schnell so ein riesiges Tier quasi eins mit seiner Umgebung und auf einmal unsichtbar wird!

Als das Boot uns beide wieder aufgesammelt hatte, schwamm der Walhai nur etwa vierzig Meter von uns entfernt, unvermindert und mit gleichmäßigen Bewegungen, schnurgerade seines Weges. So als wäre nichts geschehen.

Zwischendurch konnten wir dabei sein offenes Maul an der Oberfläche erkennen. Es schien, als würde er nach Luft schnappen. Wie alle Haie besitzen auch Walhaie keine Schwimmblase. Zudem haben sie eine kleinere Leber als die meisten anderen Hai-Arten. Möglicherweise schlucken auch Walhaie an der Oberfläche Luft, um ihren Auf- und Abtrieb zu kontrollieren, wie Sandtigerhaie.

Unser Skipper fuhr einen weiten Bogen um den Walhai, um ihn nicht zu stören. Als

wir in einigen hundert Metern Entfernung wieder seinen Kurs kreuzten, rollten sich Andrea und ich, diesmal mit Tauchflaschen, rückwärts ins Wasser. Wir tauchten einige Meter ab und warteten. Gebannt starrten wir wieder in die Richtung, aus der der Walhai kommen musste. Und tatsächlich, auf einmal war er da! Genauso schnell, wie er sich vorher quasi in Nichts aufgelöst hatte, wurde er jetzt für uns wieder sichtbar. Es kam mir fast

so vor, als hätte ihn eine fremde Macht zu uns herunter gebeamt!

Das charakteristische große, endständige Maul, das sich über die gesamte Breite der abgeflachten und stumpfen Schnauze erstreckt, hatte er leicht geöffnet, um sauerstoffreiches Wasser zu seinen Kiemen zu leiten. Walhaie ernähren sich von Plankton und anderen Kleinstlebewesen, die sie durch Ansaugen des Wassers filtern.

Majestätisch und elegant glitt er mit ruhigen, gleichmäßigen Bewegungen durch das Wasser und kam direkt auf mich zu. Andrea, die wieder etwas näher an ihm positioniert war, tauchte neben ihm und konnte fast mit ihm mithalten – trotz Tauchausrüstung und Kamera! Auch dieses Mal war Andrea sehr darauf bedacht, den Walhai nicht zu berühren, um ihn nicht zu verscheuchen.

Unser Begleiter schien es offensichtlich nicht eilig zu haben. Beide tauchten in etwa einem Meter Abstand an mir vorbei. Nach einiger Zeit konnten wir dann doch nicht mehr mit ihm mithalten, so ließen wir ihn ziehen.

Als er jedoch fast aus unserem Blickfeld verschwunden war, geschah etwas völlig Unerwartetes! Mit einem Mal machte er eine für seine stattliche Größe bemerkenswert enge Wende und schwamm erneut geradewegs auf uns zu.

Genau wie bei der ersten Begegnung hatte ich auch dieses Mal darauf gewartet, dass er seinen Kurs ändern würde, um in gebührendem Abstand an mir vorbeizuschwimmen. Aber diesmal schien er nicht bereit, seinen Kurs nur meinetwegen zu ändern.

Jetzt trennten uns nur noch zwei Meter. Immer noch war kein Anzeichen eines Ausweichmanövers von ihm zu erkennen. Er musste doch wissen, dass ich hier war, schoss es mir durch den Kopf.

Schließlich war er nur noch knapp eine Armlänge von mir entfernt, und ich streckte meine Hand nach ihm aus, um eine Kollision zu vermeiden. Ich berührte den Oberkiefer seines immer noch leicht geöffneten Mauls. Ich spürte die raue Oberfläche und sah sogar die etwa drei Millimeter großen Zähnchen, von denen etwa 3.600 in mehr als 300 dichten Reihen angeordnet sind.

Als ich ihn berührte, machte ich mich auf alles gefasst. Aber anstatt sich zu erschrecken und zu verschwinden, stoppte er, als wäre es das Normalste der Welt. Um eine gewisse Distanz zu ihm beizubehalten, drückte ich mich von ihm ab. Auch das schien ihn nicht im Geringsten zu beeindrucken. Er blieb für eine Weile regungslos mit leicht geöffnetem Maul vor mir an der Wasseroberfläche stehen.

Um nicht länger an der Oberfläche von den Wellen hin und her bewegt zu werden, tauchte ich nach einer Weile rückwärts einige

Meter ab, dicht gefolgt vom Walhai. Er folgte mir wie ein überdimensioniertes Schoßhündchen! Als ich schließlich in etwa fünfzehn Metern Tiefe mit dem Rücken den Sandgrund berührte, ließ er von mir ab und drehte sich zur Seite weg.

Als ich dann wieder langsam Richtung Oberfläche aufstieg, folgte mir mein neuer Freund. Er ließ sich einfach nicht abschütteln.

Er stand jetzt fast senkrecht unter mir! Es kam mir vor, als würde er mich auf seiner Schnauzenspitze balancieren und eine Zirkusnummer aufführen wollen. Was für eine unglaubliche Begegnung!

Gäbe es dazu keine Fotos und Videoaufnahmen, die diese Begegnung belegen, dächten sicher nicht wenige an Taucher-Latein.

Danach wandte er sich Andrea zu. Auch bei ihr wiederholte sich das gleiche Schauspiel. Auch sie musste ihn mit ihrer Hand auf Distanz halten, um einen Zusammenstoß zu vermeiden.

Was für ein Bild! Ein Riese von gut zehn Metern Länge, der bei seiner Größe sicherlich mehr als zehn Tonnen wiegen musste, schob die kleine Andrea mit gerade mal 1,50

Metern vor sich her. Es sah so aus, als würde sie tatsächlich in sein breites Maul passen!

Wir konnten unser Glück kaum fassen. Nach einiger Zeit schien unser Freund dann schließlich doch genug von uns zu haben und und nahm wieder Kurs Richtung offenes Meer. Er schwebte mit ruhigen Bewegungen seiner Schwanzflosse majestätisch seines Weges und verschwand allmählich in den unendlichen Weiten des Indischen Ozeans.

DANKSAGUNG

Es war ein ganz besonderes Privileg für Andrea und mich, diese einmaligen und friedlichen Interaktionen mit Haien erleben zu dürfen. An dieser Stelle möchte ich mich bei allen Anbietern, Protagonisten, Skippern, Sicherungstauchern sowie bei allen Helfer*innen und Assistent*innen und ganz besonders bei meiner Frau Andrea bedanken, die mich immer und überall mit voller Überzeugung und mit Rat und Tat unterstützt.

Viele im Buch beschriebene Episoden finden sich übrigens in unseren Filmdokumentationen wieder:

Infos zur Dokumentation »Beyond Fear« und den Film ansehen (deutsche Version):
vimeo.com/477094079

Infos zur Dokumentation »End of a Myth« und den Film ansehen (deutsche Version):
vimeo.com/482642701

Infos zu weiteren Dokus (deutsche Versionen):
»Giganten der Tiefe«: vimeo.com/498382792
»Lachswald«: vimeo.com/503059205

VITA

Ralf Kiefner taucht seit 1975 und arbeitet seit Anfang der 1990er Jahre erfolgreich als Autor sowie als Tier- und Unterwasserfotograf, Unterwasserkameramann und Produzent. Im Laufe der Jahre wurde sein Hobby nicht nur zum Beruf, sondern vielmehr zur Berufung. Und so verwundert es auch nicht, dass seine TV-Produktionen und Dokumentationen weltweit ausgestrahlt und vielfach auf internationalen Filmfestivals ausgezeichnet wurden und seine Fotos in zahllosen Magazinen weltweit publiziert werden.

Bei seinen Produktionen stehen für ihn und seine Frau Andrea Ramalho – die auf vielen Bildern in diesem Buch zu sehen ist – immer der Respekt vor den Tieren und ihr Schutz im Vordergrund.

Ralf Kiefner: »Wir wollen mit unseren Hai-Dokumentationen den Menschen deutlich vor Augen führen, dass Haie keine Monster sind. Durch unsere sehr engen Interaktionen wollen wir das negative Image der Haie ändern … denn wir glauben, dass Menschen nur das bereit sind zu schützen, was sie kennen und was bei ihnen mit einem positiven Image behaftet ist.

Wir versuchen, das natürliche Verhalten der Tiere bei unserer Arbeit so wenig wie möglich zu beeinflussen. Dabei ist es uns wichtig, darauf hinzuweisen, dass diese engen Interaktionen und Berührungen mit den Haien nur möglich waren, weil die Tiere es uns gestattet haben. Niemand zwingt einen großen Hai zu Interaktionen, zu denen er nicht bereit ist!«

Ralf Kiefner